江西省草地畜牧业重大技术协同推广技术丛书

NANFANG ROUYANG GAOCHUANG YANGZHI XINJISHU

南方肉羊高床养殖新技术

主　编　管业坤　娄佑武

江西科学技术出版社

图书在版编目（CIP）数据

南方肉羊高床养殖新技术 / 管业坤，娄佑武主编
. -- 南昌 ：江西科学技术出版社，2020.11（2021.7重印）
ISBN 978-7-5390-7517-4

Ⅰ.①南… Ⅱ.①管… ②娄… Ⅲ.①肉用羊-饲养
管理 Ⅳ.①S826.9

中国版本图书馆CIP数据核字(2020)第171673号

国际互联网(Internet)地址：
http：//www.jxkjcbs.com
选题序号：KX2020082
图书代码：B20290-102

南方肉羊高床养殖新技术 管业坤 娄佑武 主编

出版发行 江西科学技术出版社
社址 南昌市蓼洲街2号附1号
邮编：330009 电话：（0791）86623491 86639342（传真）
印刷 江西千叶彩印有限公司
经销 各地新华书店
开本 889毫米×1194毫米 1/32
字数 143 千字
印张 6.5
版次 2020年11月第1版
印次 2021年7月第2次印刷
书号 ISBN 978-7-5390-7517-4
定价 30.00元

赣版权登字：-03-2020-322

编写委员会

主　　任　吴国昌

副 主 任　黄　文　刘　亮　娄佑武　瞿明仁　欧阳延生　韦启鹏　刘　凯

主　　编　管业坤　娄佑武

副 主 编　王荣民　夏宗群　张国生　姜树林　叶　华

编写人员（以姓氏笔画排序）

丁君辉　王　华　王品雪　毛增荣　孔　晟

占今舜　朱淑琴　李　丹　李　珍　李秋云

杨　艳　时志华　吴平山　辛均祥　汪　江

沈　丹　张　岳　张　磊　邵庆勇　林亦孝

胡玉荣　徐轩郴　唐　丹　涂凌云　黄泽虎

彭　建　彭志猛　蒋长林　赖炳群　熊道国

樊建新　潘东福　霍俊宏　戴征煌　藏进彬

前 言

随着社会经济的快速发展和人民生活水平的不断提高，市场对畜产品的需求日趋旺盛，人们对畜产品结构的要求日趋多样化。加快畜牧业结构调整、转变畜牧业生产方式、发展节粮型畜牧业、丰富畜产品市场，已成为当前畜牧业的发展重点。羊肉作为人们食用的主要肉类之一，以其肉质细嫩、味道鲜美、营养丰富在餐桌上越来越受到人们的青睐。

江西等南方省份地处亚热带，属典型的农业省份，有着十分丰富的农副产品资源，非常适合发展草食畜牧业，为养羊业的发展提供了坚实的物质基础。传统的靠天放牧养羊方式，由于管理落后、规模效益差和受外界环境影响大，从而严重制约着养羊业的健康可持续发展。高床舍饲养羊，有利于科学管理，有利于疫病防控，有利于充分利用农副产品，从而能有效实现降本增效、生态循环、保护环境的目标。通过秸秆等农副产品过腹还田，不仅可以节省大量的粮食、生产丰富的绿色畜产品，而且可减少化肥的使用量、增加土壤有机质含量和提高粮食产量，从而缓解人畜争粮矛盾，保障我国粮食及畜产品供应安全；秸秆过腹还田对避免因秸秆焚烧产生的大气污染、减轻温室效应，从而改善生态环境也具有重要意义。因此，在当前全球人口增加、环境恶化、能源紧张、粮食安全日益严峻的形势下，充分利用丰富的农副产品及饲草资源，引导肉羊养殖方式转变，提高羊肉生产能力，保障市场供应就显得特别重要，而大力推广肉羊高床舍饲技术具有明显的生态、经济和社会效益。

我们根据多年的生产实践，结合查阅相关的文献资料，组织编写了《南方肉羊高床养殖新技术》一书。书中主要介绍了肉羊优良品种与繁育技术、肉羊高床栏舍建设、肉羊饲料的分类及高效利用技术、肉羊高效饲养管理技术、疫病综合防控技术以及废弃物处理与资源化利用等内容。本书内容通俗易懂，图文并茂，便于读者理解与掌握，是畜牧技术人员和肉羊养殖场（户）相关人员的参考书。由于编写时间仓促、水平有限，错误之处在所难免，敬请批评指正！

编者

2020年5月 南昌

目录 CONTENTS

第一章

肉羊优良品种与繁育技术

第一节　主要肉羊优良品种

一、波尔山羊

波尔山羊(见图 1.1a、图 1.1b)原产于南非，是 20 世纪初育成的一个著名的优秀肉用山羊品种。现分布于新西兰、澳大利亚、美国、德国、加拿大、中国等国家。

(一)外貌特征

波尔山羊体格大，全身皮肤松软。头颈部和耳棕红色并有广流星(白色条带)，公、母羊均有角，角向后向外叉开，公羊角较母羊角粗。额部突出，鼻呈鹰钩状。耳大下垂。颈部和胸部有较多皱褶，尤以公羊为多。体躯结构良好，背宽而平直，肌肉丰满，整个体躯圆厚而紧凑，四肢短而结实，体躯被毛白色、较短。公羊体态雄壮，睾丸发育良好；母羊外貌清秀，乳房发育良好，有附乳头。

图 1.1a　波尔山羊公羊

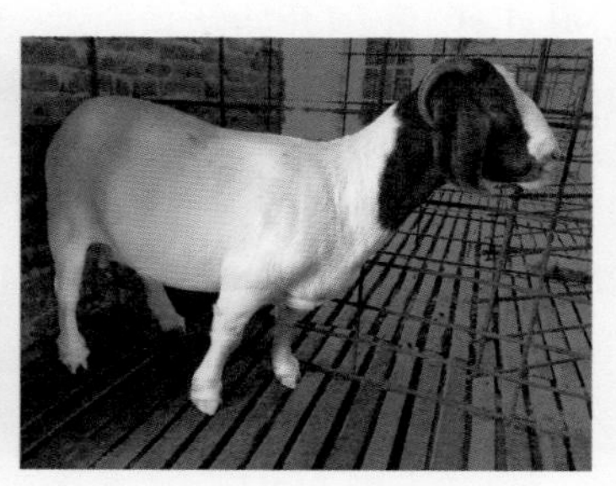

图 1.1b　波尔山羊母羊

（二）生产性能

初生重公羔4.15千克、母羔3.65千克，6月龄体重公羊可达42千克、母羊37千克，12～18月龄体重公羊45～70千克、母羊40～55千克，成年体重公羊80～100千克、母羊60～75千克。屠宰率48.3%，高的可达56.2%。四季发情，初配年龄在10月龄以上，一年两胎或两年三胎；产羔率初产羊150%，经产羊180%～200%，最高达225%。

（三）饲养与利用

波尔山羊喜食灌木，耐粗饲，采食速度快，群居性强，易管理。能适应热带和亚热带气候，在灌木丛、半荒漠和沙漠地区有良好的生长性能表现。较强的放牧习性，采食范围广，可采食树枝叶、灌木及其他动物不吃的植物，高至160厘米的树枝和树叶，低至几厘米的牧草都能采食。也能适合舍饲养殖模式，舍饲养殖时要贮备饲草料，如晒制青干草、花生秸、甘薯藤、豆秆豆荚等都可作为舍饲羊的粗饲料。在有条件的地区可种植优质高产牧草利用，如高丹草、青饲玉米等，还可对其加工青贮作为饲料补充。20世纪90年代，我国开始从新西兰、澳大利亚、南非等地引进该品种，现江苏、山东、河南、四川、江西等地均有饲养，主要用于改良地方品种羊，杂交效果明显。杂种一代羊6月龄公羊体重达27.30～30.69千克，较本地公羊重提高44.24%～94.38%；6月龄母羊体重达22.01～27.10千克，较本地母羊重提高36.46%～117.97%。

二、南江黄羊

南江黄羊（见图1.2a、图1.2b）主要分布于四川省的南江县、

通江县及邻近地区，是以纽宾奶山羊、成都麻羊、金堂黑山羊为父本，以当地山羊为母本，采用杂交方法培育而成的，后导入吐根堡奶山羊的血缘。

（一）外貌特征

全身被毛黄褐色，毛短而有光泽，面部毛色黑黄，鼻梁两侧有一对称浅色条纹，公羊颈部及前胸着生黑黄色粗长被毛。自枕部沿背脊有一条黑色毛带，十字部后渐浅。头大适中，有角或无角，鼻微拱、鼻梁微弓，耳较长，微垂，颈长度适中。体躯略呈圆桶形，前胸深广，肋骨开张，背腰平直，尻部倾斜适度。四肢粗壮，肢势端正，蹄质坚实。公羊额宽、头部雄壮，母羊颜面清秀。

图 1.2a　南江黄羊公羊

图 1.2b　南江黄羊母羊

（二）生产性能

公、母羔羊平均初生重分别为 2.28 千克、2.18 千克，2 月龄体重公羊为 12 千克、母羊 10 千克，12 月龄羊体重公羊 35 千克、母羊 28 千克，成年羊体重公羊为 60 千克、母羊 42 千克。产肉性能好，一般 12 月龄阉公羊屠宰率在 50% 左右，成年阉公羊可达 55% 以上。母羊常年发情，一般年产两胎，配种年龄母羊在 8 月龄左右，公羊在 12 ~ 18 月龄；母羊年平均产羔率 195% 左右，经产羊达200%以上。

(三)饲养与利用

南江黄羊放牧采食能力强、善攀登、合群性好,非常适合放牧饲养。放牧一般在上午11点后,不宜太早放牧,且要选择牧草丰富、向阳的场地放牧。有计划地实行轮牧,一般每隔一周换一次地方,放牧场地必须休牧半个月后才能放牧,一方面有利于牧草生长,另一方面有利于寄生虫病的防治。母羊在繁殖季节、公羊在配种高峰期必须适当补充精料,羊只在出栏上市前两个月内要集中催肥。育肥羊一般采取放牧与补饲相结合的方式饲养,这样可获得较高的日增重,同时,又能利用夏秋季节丰富的牧草,节省成本,还可充分利用当地的农副产品及部分精料,特别在育肥后期适当补喂混合饲料,可获得较理想的增重效果。南江黄羊改良本地山羊效果明显。杂交一代羊6月龄体重较本地山羊重提高42.54% ~60.95%,周岁羊体重较本地山羊重提高52.06% ~89.97%。

三、云上黑山羊

云上黑山羊(见图1.3a、图1.3b)是由云南省畜牧兽医科学院联合云南省内14家单位,以努比山羊为父本、以云岭黑山羊为母本,经过22年五个世代系统选育而成的一个肉用黑山羊新品种。2019年4月28日,云上黑山羊通过了国家畜禽遗传资源委员会审定,2020年5月29日被《国家畜禽遗传资源品种名录》收录。现在云南13个州(市)80余个县,以及广西、贵州、福建、湖南、重庆、四川、海南和甘肃等地推广应用。

（一）外貌特征

全身被毛黑色，毛短而富有光泽。体质结实，结构匀称，体躯大，肉用特征明显。公、母羊均有角，呈倒“八”字形；头大小适中。两耳长、宽而下垂，鼻梁稍隆起。颈长短适中，公羊胸颈部有明显皱褶。胸部宽深，背腰平直，腹大而紧凑。臀、股部肌肉丰满。四肢粗壮，肢势端正，蹄质坚实。公羊睾丸大小适中、对称；母羊乳房发育良好，柔软有弹性，乳头对称。

图 1.3a　云上黑山羊公羊

图 1.3b　云上黑山羊母羊

（二）生产性能

生长发育快、产肉性能好、繁殖力高、泌乳性能好、适应性强、耐粗饲；周岁公羊体重达 53 千克、母羊 42 千克，成年公羊体重达 76 千克、母羊 57 千克；母羊四季发情，初产母羊的产羔率为 181%、经产母羊为 236%；羔羊断奶成活率可达 95%，6 月龄以上公、母羊的屠宰率均在 53% 以上。

（三）饲养与利用

云上黑山羊适宜于全舍饲、半舍饲半放牧或全放牧的饲养方式饲养，能广泛适应低海拔河谷地区（低于 1000 米）到较高海拔（2000 米）的冷凉区，适合在我国南方山羊养殖主产区推广。利用云上黑山羊种公羊改良云南本地品种后，杂交后代具有良好的适应性，杂交一代周岁公、母羊体重可达45千克和40千克，比本地品种公、母羊周岁重分别提高30%和27%，杂交优势明显。引进饲养云上黑山羊或利用该品种改良本地山羊，可充分利用南方草山、草坡和农区丰富的农作物秸秆及冬闲农田地资源，提高肉羊养殖效益。

四、赣西山羊

赣西山羊（见图1.4a、图1.4b）主要分布在江西省的上栗、铜鼓、袁州、宜丰、上高、修水和湖南省的浏阳、醴陵等地。曾分为万载山羊和萍乡山羊两个品种，但由于两者体形外貌接近、生产性能相似、主要产区毗邻，因此，在编写《江西畜禽品种志》(2001)时，将二者归并为赣西山羊一个品种。

图1.4a　赣西山羊公羊

图1.4b　赣西山羊母羊

(一)外貌特征

全身被毛较短，以黑色为主，其次为麻色或白色，目前白色极少，皮肤为白色。头大小适中、额平而宽，眼大而明亮，角向上、向外叉开，呈倒“八”字形，公、母羊均有角，公羊角比母羊角粗长。

颈细而长，多无肉垂，无皱褶。体格较小，肌肉欠丰满。躯干较长，肋狭窄，体躯呈长方形，腰背平直且宽，尻斜，母羊腹部较大，乳房发达。四肢较粗短，前肢较直，后肢稍弯，蹄质坚硬。

（二）生产性能

成年公羊体重为33千克、母羊为29千克，12月龄公羊体重为19～21千克、母羊为18～19千克。屠宰率45%～49%。公羊4～5月龄性成熟，一般7～8月龄开始初配；母羊6月龄开始初配，年产羔率可达164%。赣西山羊以放牧为主，在基本上不补饲或少量补饲的条件下，10～12月龄屠宰率为45%～49%。

（三）饲养与利用

赣西山羊适应性强，善爬山，喜食灌木、树枝、树叶等植物。具有体型较小、生长速度慢、肉质风味浓郁等特点，非常适合山区放牧散养，如果利用农作物秸秆饲喂则效果较差。近年来，产区已陆续引进成都麻羊、南江黄羊、金堂黑山羊等山羊品种进行杂交改良，杂交羊表现出体型增大、生长速度提高等优势。据试验，与金堂黑山杂交，其杂交一代初生重、1月龄、3月龄和12月龄体重分别提高了28.60%、30.10%、32.64%和31.12%。

五、广丰山羊

广丰山羊（见图1.5a、图1.5b）主要分布于江西省的玉山、上饶等县以及福建省的浦城等县。据《广丰县志》记载，早在唐朝，广丰就开始饲养山羊。这充分说明广丰山羊是经长期自然选择和人工选择而形成的。

（一）外貌特征

全身被毛为白色、粗短，公羊被毛较母羊长，母羊和羯羊全身被毛细短而匀称,皮肤为白色。头稍长、额平,眼睑为黄色圈。公、母羊多数有角,少数无角,公羊角比母羊角粗大,向上、向外伸展,呈倒“八”字形。公、母羊的下颚前端有一撮胡须,公羊比母羊长。颈细长,多无肉垂。体型偏小,体躯呈方形或长方形,尻斜,腹大,后躯比前躯略高,乳房较发达,有效乳头数为 2 个,部分羊有一对副乳头。四肢较短,腿直,蹄质硬而韧。

图 1.5a　广丰山羊公羊

图 1.5b　广丰山羊母羊

（二）生产性能

初生重公羔 2.08 千克、母羔 2.01 千克;2 月龄断奶公羔平均重 7.91 千克、母羔平均体重 7.47 千克;12 月龄公羊体重为 24 千克、母羊为 19.5 千克;成年公羊体重为 35.2 千克、母羊为 25.4 千克。羯羊宰前 23.3 千克,屠宰率 48.2%,净肉率 32.8%。4 月龄左右育成羊有发情表现,公羊 4 ~ 5 月龄即性成熟。初配年龄公羊为 12 月龄,母羊为 6 月龄。

（三）饲养与利用

广丰山羊适应性强、耐粗饲,但个体较小,生长慢、产肉率低,肉质鲜嫩。饲养方式多以放牧为主,饲草以禾本科为主,春夏秋季多在山坡、丘陵及溪水旁放牧,冬季多在农闲田放牧。舍饲时

间非常短,仅在冬春季大雨、大雪天气不能出牧时舍饲。主要补饲花生秸、豆秸、红薯藤、干草等及少量精饲料和糟渣饲料。现在,产地也陆续引进了莎能奶山羊、波尔山羊等优良品种对其进行杂交改良,从而提高了广丰山羊的生产性能和养殖效益。

六、湖羊

湖羊(见图 1.6a、图 1.6b)主产于浙江、江苏的部分地区,集中在浙江的吴兴、嘉兴和江苏的吴江等地,是我国特有的羔皮羊品种。

(一)外貌特征

头狭长,鼻梁隆起,眼微突。公、母羊均无角。耳大下垂,部分地区有小耳和无耳个体。被毛白色,初生羔羊被毛呈水波纹状,成年羊腹部无覆盖毛。小脂尾呈扁圆形,四肢纤细,尾尖上翘。乳房发育良好。

图 1.6a　湖羊公羊

图 1.6b　湖羊母羊

(二)生产性能

12 月龄公羊体重为 35 千克、母羊为 26 千克;成年公羊体重为 49 千克、母羊为 37 千克。剪毛量公羊平均为 1.5 千克,母羊为1千克，毛长12厘米，净毛率50%。屠宰率40.5%～50.0%，肉质细嫩鲜美。早期生长发育快，性成熟早，四季发情，多胎多产。正常情况下，母羊5月龄性成熟，6月龄可配种。除初产母羊外，一般每胎均在2只以上，个别可达6～8只，产羔率230%～270%。

（三）饲养与利用

湖羊胆小，易受惊吓，喜干燥、厌潮湿，耐粗饲，非常适合全舍饲规模化饲养。日粮以饲草为主，根据营养需要量合理搭配精饲料。其中青干草、枯桑叶、野草、树枝叶、人工牧草、甘薯藤、花生秸等都是湖羊的好饲料。湖羊有夜食性，下午喂料要充足，以满足其需要。羔羊1～2日龄屠宰，所得皮板轻薄，毛色洁白如丝，扑而不散，可加工染成不同颜色，在国际市场上声誉很高。成年羊被毛可分三种类型：绵羊型、沙毛型和中毛型。可用于织制粗呢和地毯。产肉性能较好。可利用其多胎性等特点，与国内外优良肉羊品种公羊杂交改良开展肥羔生产。

七、杜泊羊

杜泊羊（见图1.7a、图1.7b）原产于南非，是由有角陶赛特羊和波斯黑头羊杂交而育成的，也是世界著名的肉用羊品种。

（一）外貌特征

杜泊羊分为白头杜泊和黑头杜泊两种。两种羊体躯和四肢皆为白色，头顶部平直、长度适中，额宽，鼻梁隆起，耳稍大，无角。体躯呈圆筒状，颈粗短，肩宽厚，背平直，肋骨拱圆，前胸丰满，后躯肌肉发达。四肢强健，肢势端正，高度中等。全身被毛可以自由脱落。

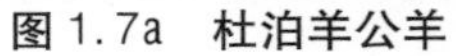

图 1.7a　杜泊羊公羊　　图 1.7b　杜泊羊母羊

(二)生产性能

羔羊生长迅速。3.5 ~4.0 月龄的活重可达 36 千克,胴体重 16 千克左右。一般饲养条件下,羔羊平均日增重 200 克以上。成年公羊和母羊的体重分别在 120 千克和 85 千克左右。胴体肉质细嫩、多汁、色鲜,瘦肉率高,肉中脂肪分布均匀,被国际誉为"钻石级肉"。在良好的饲养管理条件下,母羊可常年繁殖,产羔间隔期为 8 个月,母羊两年三胎,一般产羔率能达到 150%;在一般放养条件下,产羔率为 100%。产奶量高,保姆性好。

(三)饲养与利用

杜泊羊具有良好的抗逆性,能较好地适应广泛的气候条件和放牧条件,食草性强,对各种草不会挑剔。在粗放的饲养条件下,表现出良好生产性能,在舍饲与放牧相结合的条件下表现更佳。易管理,羊毛到夏天会自行脱落干净,无须剪毛,省劳力,皮肤较厚。在我国多地引进该品种羊用于改良当地肉羊品种,能明显提高本地羊的生长速度和产肉性能,杂交一代羊宰前活重、胴体重和净肉重分别比当地羊提高了 8.31 千克、4.6 千克和 3.59 千克,经济效益明显。

第二节　生物学特性及特点

目前,江西省及南方地区肉羊养殖品种主要分为山羊和少量的绵羊,其中绵羊主要为湖羊,而山羊品种则较多。绵羊和山羊属于同科不同属的两个物种,在生物学特性上,它们既有许多共同点,也存在着一定的差异。

(一)合群性

羊的合群性较强。放牧时,羊主要通过视、听、嗅、触等感官来彼此传递信息、保持联系、协调行为、逃避敌害。绵羊合群性比山羊强。绵羊和山羊可以混合组群,但在放牧采食时,彼此往往分成不同的小群,极少均匀地混群采食。

(二)放牧习性

放牧时,绵羊喜欢大群采食,在大群中再分成数量不等的若干小群,但彼此之间保持较近的距离和密切的联系。山羊则习惯于较分散地采食。山羊比较机警、灵敏,活泼好动,喜欢登攀。山羊可在大于60°的坡地上直上、直下或在陡峭的悬崖边采食,并可两后肢直立,攀附在岩壁或树干上采食较高处的灌丛或树枝嫩芽、叶;而绵羊只宜在较缓的坡地上放牧。

山羊喜欢角斗,有一定的自卫能力;绵羊的角斗主要表现在繁殖季节中,由雄性个体为争夺发情母羊而展开的,没有自卫能力。遇有敌害时,绵羊往往四散逃避,不会联合抵抗。

羊每日放牧游走的距离有很大的差异,山羊比绵羊的游走距

离大、时间长。放牧时，羊的采食有一定的间歇性。日出前后和日落前是羊的采食旺盛期，早晨采食的时间最长。

（三）采食习性

羊可采食多种植物。试验证明，绵羊可采食占给饲植物种类80%的植物，山羊为88%，牛为73%；在半荒漠草场上，羊可采食的植物种类达62%，而牛只有34%。山羊的食性广，不仅可以采食低矮的牧草，还喜食灌丛、杂草和低矮树木的枝、叶，对某些有毒、有害植物的耐受力比绵羊强。据观察，山羊在混生植被的草场放牧时，采食灌木枝叶的时间占总采食时间的60%～70%。山羊采食时，对植物种类及可食部位都有很强的选择性，且随季节变化而变化。单一植被的人工草场，对山羊的放牧不利。

羊最喜食柔嫩、多汁、略带咸味或苦味的植物（如禾本科牧草及杂草），但凡被践踏、躺卧或粪尿污染过的牧草，羊一般都不采食。

（四）生活习性

羊喜干燥，厌潮湿，非常适宜在干燥、凉爽的环境中生活。长期在低洼、潮湿的草场放牧，容易使羊感染寄生虫病和传染病，使羊毛品质下降，腐蹄病增多，影响羊的生长发育。在我国南方地区，高温高湿的气候环境是影响养羊生产的一个重要因素。

（五）抗病性

体况良好的羊对疾病的耐受能力较强，病情较轻时一般不表现症状，有的甚至临死前还能勉强跟群吃草。因此，在日常饲养管理中必须细心观察，如果等到羊只已停止采食或反刍时再进行治疗，会由于病情严重而导致疗效不佳，给生产带来严重的损失。

山羊的抗病能力比绵羊强，患寄生虫病和腐蹄病的情况也较少。

（六）适应性

适应性通常指羊的耐粗、耐热、耐渴、耐寒和抗灾荒等方面的特性。

1. 耐粗性

羊在极端恶劣的自然环境中，有很强的生存能力，可仅靠粗劣的干草、秸秆、树木枝叶和树皮等维持生命。饮水充足时，羊可利用体内养分维持生命 30 天以上。粗放饲养时，绵羊对粗劣草料的利用比山羊好，即使是山羊采食后的秸秆残渣，绵羊仍可部分采食。

2. 耐热性

山羊的耐热性较好，在气温高达 37.8℃时，仍能继续采食。绵羊的汗腺不发达，被毛厚密，耐热性远不如山羊。当气温较高时，往往表现出停止采食、站立喘息，甚至彼此紧靠一起，将头部埋入其他羊只的腹下的举动，俗称“扎窝子”。在不同的绵羊品种中，粗毛羊的耐热性比细毛羊好。据观察，粗毛羊一般在气温达 28℃时开始出现“扎窝子”，而细毛羊在 22℃时即可表现。

3. 耐寒性

绵羊的耐寒性优于山羊。特别是粗毛羊。如我国著名的地方优良品种羊蒙古羊等具有很好的耐寒能力，当草料充足时，在 -30℃以下的环境中仍能放牧和生存。

（七）哺育性

分娩后，母羊会舔干羔羊体表的羊水，熟悉羔羊的气味，建立比较牢固的母子关系。绵羊羔出生后立即跟随在母羊身边，即便

短暂分开也会鸣叫不止;山羊羔通常是哺乳时才主动寻找母羊,平时则自由玩耍。母羊主要依靠嗅觉来辨别自己的羔羊,并通过叫声来保持母子之间的联系。母羊对偷奶吃的羔羊表现出攻击或躲避行为。

第三节　肉羊繁育新技术

繁殖是指公、母羊通过交配、精卵细胞结合,母羊怀孕,最后分娩产生新一代羊的过程。通过羊的繁殖,增加羊群数量,实现扩大再生产,同时最大限度地发挥优秀种羊,特别是种公羊的作用,不断提高羊群的质量。因此,掌握羊的繁殖规律,应用繁殖新技术,可以提高羊的繁殖力和生产性能。

一、繁育基本概念

(一)初情期、性成熟期和初配年龄

1. 初情期

母羊生长发育到一定的年龄时,开始表现发情和排卵,为母羊的初情期,是性成熟的初级阶段。初情期以前,母羊的生殖道和卵巢增长速度较慢,不表现性活动。初情期后,随着第一次发情和排卵,母羊生殖器官的大小和重量迅速增长,性机能也随之发育。羊的初情期一般为4~8月龄。

2. 性成熟期

青年母羊初情期后生殖系统迅速生长发育并开始具备繁殖

能力，经过一段时间即进入性成熟期。虽然性成熟时母羊的生殖器官已发育完全，具备了正常的繁殖能力，但身体其他系统的生长发育还未完成，故性成熟初期的母羊一般不宜配种。性成熟一般为5～10月龄，其体重为成年羊体重的40%～60%。

3. 初配年龄

山羊母羊的初配年龄较早，与气候条件、营养状况有很大关系。通常山羊母羊的初配年龄多为10～12月龄，绵羊母羊的初配年龄多为12～18月龄，分布江浙一带的湖羊母羊初配年龄为6月龄。初配体重达到成年体重的70%时，进行第一次配种较为适宜。

（二）发情

母羊达到性成熟期后有性欲旺盛、兴奋不安、食欲减退等周期性的性表现，同时外阴红肿、子宫颈开放、卵泡发育、分泌各种生殖激素等一系列生殖器官变化。母羊的这些性表现及异常变化称为发情。

1. 发情周期

母羊从发情开始到发情结束后，在没有配种的情况下经过一定时间又周而复始地重复这一过程，两次发情开始间隔的时间就是母羊的发情周期。绵羊母羊发情周期为14～19天，平均为17天。山羊母羊发情周期为12～24天，平均为21天。发情周期也有短到8～9天、长至42天的。

2. 发情持续期

在母羊的发情周期中，发情持续的时间多为5～55个小时，也有的甚至长达3～4天。但总体而言，母羊发情持续期平均为

30 个小时。

(三)妊娠

母羊自发情接受输精或交配后，精卵结合形成胚胎开始，到发育成熟的胎儿出生为止，胚胎在母体内发育的整个时期为妊娠期。山羊母羊妊娠期为 142～161 天，平均为 152 天。绵羊母羊妊娠期为 146～151 天，平均为 150 天。

(四)繁殖季节

由于羊的发情表现受光照时间长短变化的影响，所以羊的繁殖也是有季节性规律的。母羊大量正常发情的季节，称为羊的繁殖季节。

1. 绵羊的繁殖季节

一般是 7 月至翌年的 1 月，发情最集中的时间是 8—10 月，而湖羊和小尾寒羊则可常年发情配种。

2. 山羊的繁殖季节

山羊的发情表现对光照的影响反应没有绵羊明显，所以山羊的繁殖季节多为常年性的。但生长在热带、亚热带地区的山羊，5、6 月因高温的影响也表现发情较少。生活在高寒山区，未经人工选育的原始品种，如藏山羊的发情配种也多集中在秋季，呈明显的季节性。

3. 公羊的繁殖季节

公羊没有明显的繁殖季节，常年都能配种。但公羊的性欲表现，特别是精液品质，也有季节性变化的特点，一般还是秋季的最好。

(五)配种方法

羊的配种方法主要有两种：自然交配和人工授精。

1. 自然交配法

自然交配是让公羊与母羊自行直接交配。这种配种方式又称本交。自然交配又分为自由交配和人工辅助交配。

(1)自由交配。自由交配是按一定的公母比例,将公、母羊同群放牧饲养,一般公母比例1:(15~20),最多为1:30。母羊发情时便与同群的公羊自由交配。

(2)人工辅助交配。人工辅助交配是平时将公、母羊分开放牧饲养,经鉴定把发情母羊从羊群中选出来与选定的公羊进行交配。

2. 人工授精

人工授精是指用人工方法采集公羊的精液,经一系列的检查处理后,再注入发情母羊的生殖道内,使其受胎。采用人工授精技术,可使一只优秀公羊在一个繁殖季节里与300~500只母羊配种,授精技术高的甚至可达1000只以上。

二、诱导发情集中配种技术

(一)概述

家畜一切性活动始终是在内分泌和神经系统的共同作用下进行的,用外源激素和神经刺激通过内分泌和神经的作用,激发卵巢的机能,使卵巢从相对静止转为活跃状态,促进卵泡的生长发育,继而促使母畜发情、排卵。诱导发情是人为地应用外源性激素(如促性腺激素、溶黄体激素)和某些生理活性物质(如初乳)及环境条件的刺激等方法,促使母羊的卵巢机能由静止状态转变为性机能活跃状态,从而使母羊恢复正常的发情、排卵的催

情况方式。这种人为的干预,就是使被处理的家畜的卵巢按照预定的要求变化,使它们的机能处于一个共同的基础上。目前,在养羊生产中,诱导发情多采用外源性激素的方法人为地调控母羊自然发情周期,按计划使母羊在较短的时间内集中发情、集中配种,以有效避开南方夏季高温炎热时产羔;同时,又因产羔同期化,便于接羔、断奶、培育和育肥等生产环节的管理,节省了大量人力、物力,提高了生产管理水平,适应了现代肉羊集约化生产的要求。诱导发情技术适用于空怀母羊、长期乏情或有繁殖障碍的母羊及明显季节性发情的母羊等。

(二)技术要点

1. 诱导发情方法

目前采用诱导发情技术主要通过两种途径:一种是向待处理的母羊群同时施用孕激素,抑制卵泡的发育和发情,经过一定时间后同时停药,随之引起母羊发情;另一种是利用前列腺素或其类似物使黄体溶解,中断黄体期,降低激素水平,继而提前进入卵泡期,使发情提前到来。这两种方法所用的激素性质不同,但都是使孕激素水平迅速下降,以达到发情目的。经诱导发情调控处理的母羊,必须保持良好的体况和膘情。因此,母羊诱导发情前必须进行短期优饲,这样可提高母羊的受胎率。诱导发情可对处在发情周期的母羊随时放置黄体酮阴道缓释剂(CIDR)。放置CIDR 当天为处理周期第 1 天,绵羊于放栓后第 12 天肌内注射氯前列烯醇 0.05 毫克,第 13 天撤栓。山羊于放栓后第 14 天肌内注射氯前列烯醇 0.05 毫克,第 15 天撤栓。在撤栓当天可肌内注射孕马血清促性腺激素(PMSG)200 ~ 300 国际单位,以促进卵泡发育与排卵。

2. 集中配种

母羊撤栓 24 小时后就会陆续发情。发情后的母羊采取人工授精或本交等配种方式，一般多采用鲜精高倍稀释(8 ~ 10 倍)，要求配种 2 ~ 3 次，每次间隔时间 6 ~ 8 小时。

(三) 推广应用

2006—2008 年，江西省畜牧技术推广站在全省羊人工授精技术推广生产实践中应用同期发情处理技术，采用黄体酮阴道海绵栓(见图 1.8a、图 1.8b)抑制卵泡的发育和发情，小尾寒羊放栓塞后第 12 天肌内注射氯前列烯醇 0.05 毫克，第 13 天撤栓。山羊放栓塞后第 14 天肌内注射氯前列烯醇 0.05 毫克，第 15 天撤栓。结果表明，小尾寒羊撤栓后 25 ~ 48 小时发情的占 17.24%，49 ~ 72 小时发情的占 58.62%，73 小时以上发情的占 24.14%，较集中分布在撤栓后的第 3 天发情。山羊在撤栓后 25 ~ 48 小时发情的占 20.24%，49 ~ 72 小时发情的占 45.23%，而 73 小时以上发情的占 34.52%。山羊在撤栓后具有发情表现的多集中在 49 ~ 72 小时。

图 1.8a　黄体酮阴道海绵栓

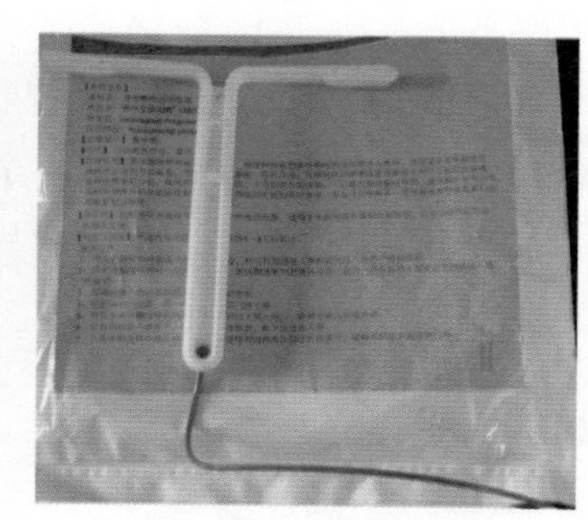

图 1.8b　黄体酮阴道海绵栓

三、人工授精技术

(一) 概述

人工授精技术是应用器械采集公羊的精液，经过精液品质的检查和一系列处理后，再用器械将处理后的精液输入发情母羊生殖道内，以达到母羊受精妊娠目的的一种配种技术。人工授精技术可以提高优秀种公羊的个体利用率，既加快羊改良进程，减少疾病的传播，又可节省饲养大量种公羊的费用。其环节主要包括采精、精液品质检查、精液稀释、保存和运输、适时输精等。

根据精液保存方法可分为两类：一是鲜精人工授精技术。可分为两种方法：第一，鲜精或低倍稀释精液人工授精技术，就是将采出的精液不稀释或按 1:（2～4）低倍稀释后，立即给母羊输精，它适用于母羊季节性发情较明显，养羊数量较多的地区，一只公羊一年可配母羊 500～1000 只，比本交配种提高 10～20 倍；第二，精液高倍稀释人工授精技术，就是将采集的鲜精与稀释液按 1:（20～50）高倍稀释后进行人工授精，一只公羊一年可配母羊 10000 只以上，比本交配种提高 200 倍以上，发情期受胎率可达 90%。二是冷冻精液人工授精技术。将采集公羊的精液经实验室检查合格后制作成细管精液，然后利用液氮（－196℃）冷冻贮藏起来，在任何地方和时间都可使用。一只公羊一年可制作冻精 10000～20000 剂，可配母羊 5000～10000 只。精液用多少可解冻多少，不会造成浪费。但受胎率较低，为 30%～50%，成本高。

（二）技术要点

1. 公羊调教

应选择年龄在1.5岁左右，性欲旺盛，体况既不过肥也不过瘦的种公羊。凡要采精的初配种公羊，应先进行采精调教。对性反射不敏感，甚至不爬跨母羊的，可将其放入母羊群或混入发情母羊中。经过几天后，当公羊爬跨母羊时，让其本交几次后再从羊群中将其赶走，并让其"观摩"其他公羊配种。当然也可用发情母羊的尿液或分泌物涂抹在公羊鼻尖上刺激其性欲。等采精调教训练成功后，方可正式采精操作。

2. 器械准备

凡与采精、输精接触的所有器械都要清洗、消毒、干燥，存放在清洁的柜内或烘箱中备用。如假阴道要用2%～3%的碳酸钠溶液清洗，再用清水冲洗数次，然后用70%的酒精消毒，使用前用0.9%氯化钠溶液冲洗；集精瓶、输精器、玻璃棒和存放稀释液及0.9%氯化钠溶液的玻璃器皿，洗净后要经30分钟的蒸气消毒（蒸或煮），使用前用0.9%氯化钠溶液冲洗数次；金属制品如开膣器、镊子、盘子等，用2%～3%的碳酸钠溶液清洗后，再用清水冲洗数次，擦干后用70%的酒精消毒；润滑剂凡士林要蒸煮消毒30分钟。

3. 采精

（1）假阴道的制作。假阴道由外壳、内胎、漏斗、集精杯组成。这一装置要保持能引起公羊射精的适宜温度、压力和滑润度。温度由灌注50～55℃的温水调节，采精时内胎温度应在39～42℃范围内。压力可借注入水量和吹入空气调整至内胎突出

外壳且呈三角状，然后用经消毒的玻璃棒沾上凡士林均匀地涂抹假阴道内胎的一半，以增加内胎与阴茎接触面的润滑度。

（2）台羊和采精诱导。采精种公羊要求是优秀种公羊，体格较大，台畜多选择成年羊，如发情母羊或去势公羊等，所用台羊应有较强的支撑能力，并拴系在稳固的地方，以防公羊跌倒。经过训练调教的公羊一到采精现场，因条件反射便有性表现，但不要急于让其爬跨台羊，应适当诱情，如绕台羊转几圈等方法，让公羊在采精前有充分的性准备，以提高采得精液的品质和数量。

（3）采精过程。采精员位于台羊的右侧，右手持假阴道与台羊平行，和公羊阴茎伸出的方向倾斜一致。在公羊爬跨台羊向前作“冲跃”动作时，采精员左手四指并拢握住包皮，将阴茎导入假阴道内，切不可抓握阴茎伸出的部分，否则会刺激阴茎立即缩回或进入假阴道前引起射精。公羊爬跨迅速，射精也快，采精员应注意配合公羊的动作。待射精完毕，立即将集精杯端竖直向下，先放去假阴道内胎的气，然后取下集精杯，送往精液处理室作精液品质检查（见图 1.9）。

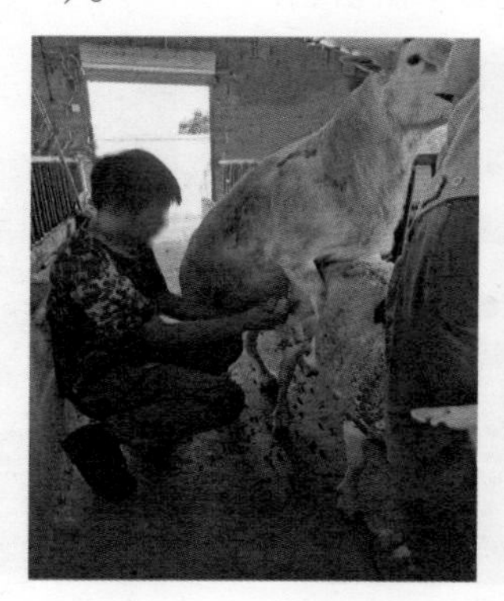

图 1.9　公羊采精

(4)采精频率。在配种季节,公羊每天可采精 2～3 次,每周采精可达 15 次之多。但每周应注意休息 1～2 天。

(5)射精量。羊的射精量为 0.5～2.0 毫升。每毫升精液中精子数 30 亿～40 亿个。

4. 精液品质检查

通过精液品质检查,确定精液能否使用和稀释倍数,从而保证输精效果。精液品质检查分为外观检查和显微镜检查。

(1)外观检查。包括色泽和气味。正常精液为乳白色或淡黄色,无味或略带腥味。凡带有腐败气味,呈红色、褐色、绿色等异常颜色的精液不能用于输精,含有大块凝固物质的精液也不能使用。肉眼观看刚采集的密度大、活力高的精液呈翻云腾雾状。

(2)显微镜检查。在 18～25℃室温下,用玻璃棒或注射器(测量射精量用)稍沾一点鲜精滴于洁净载玻片上,盖上洁净盖玻片(注意不使其产生气泡),在温度为 37℃时,放大倍数为 400～600 倍的显微镜下观察,只有精子活力在 0.3 以上、精子密度在“中”以上的方可用于输精(见图 1.10、图 1.11)。

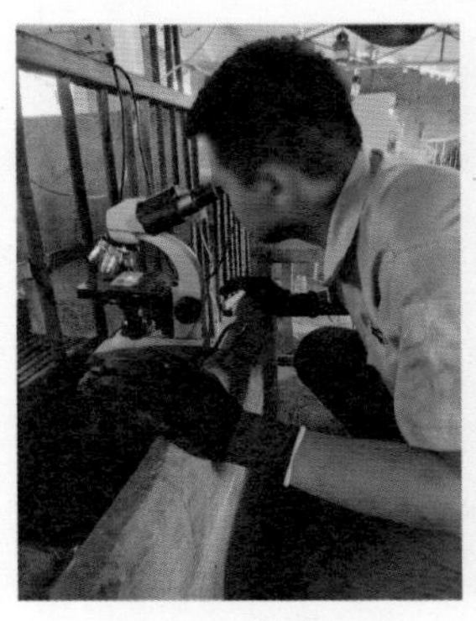

图 1.10　精液检查

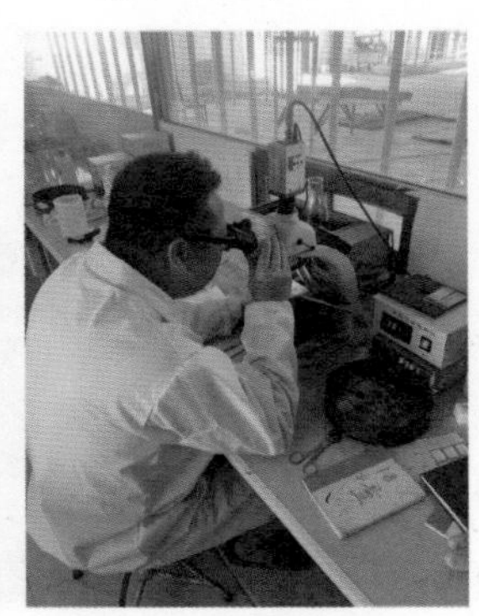

图 1.11　实验室检查

5. 精液的稀释

稀释液的作用是为精子存活提供养分和能量，维持精液正常的渗透压和电解质平衡，抑制细菌生长，防止在迅速冷却过程中低温造成冷休克对精子的伤害，增加精液分量，提高配种母羊数，充分发挥优秀种公羊的作用。

精液稀释可分为常温稀释、低温稀释和冷冻稀释。

（1）常温稀释。精液常温稀释可选择稀释液：0.9%氯化钠溶液、鲜奶（牛奶或羊奶）、5%葡萄糖等渗溶液。可采用配方稀释液：葡萄糖1.5克、柠檬酸钠0.7克、卵黄10毫升，混合均匀；0.9%氯化钠溶液90毫升、卵黄10毫升，混合均匀。稀释方法：按原精液的3～5倍稀释，即把稀释液温度加热至30℃，再缓慢加到原精中，轻轻摇匀后即可使用。

（2）低温稀释。山羊精液低温（0～5℃）保存。稀释液配方一：用100毫升蒸馏水溶解二水柠檬酸钠2.8克、葡萄糖0.8克，取80毫升，加卵黄20毫升混合均匀，并在每毫升已配制的稀释液中分别添加青霉素、链霉素各1000国际单位。配方二：用100毫升蒸馏水溶解葡萄糖3克、二水柠檬酸钠1.4克，取其80毫升，加卵黄20毫升混合均匀，每毫升配好的稀释液分别添加青霉素、链霉素各1000国际单位。

（3）冷冻稀释。冷冻稀释液是用于精液的冷冻保存，要求保存在液氮（－196℃）中。未加抗冻剂的冷冻稀释液通常称为基础液，也就是基础液加上抗冻剂即为冷冻稀释液。山羊冷冻稀释液配方：基础液为柠檬酸钠1.5克、葡萄糖3克、乳糖5克，加蒸馏水100毫升，混合均匀。配制时，取基础液75毫升，加卵黄20毫升、甘油5毫升、青霉素和链霉素各10万国际单位，混合均匀

即可。

(4)稀释倍数。精液的稀释倍数取决于精子密度,一次输精所需有效精子数及计划输精母羊头数,一般以 2~3 倍为宜,最高不宜超过 10 倍。稀释倍数过大,精子密度下降,降低受胎率。不论稀释倍数多少,要求达到一次输精用精液 0.10~0.25 毫升含活精子数不少于 1 亿个,或保证直线前进运动精子数在 7000 万个以上(见图 1.12)。

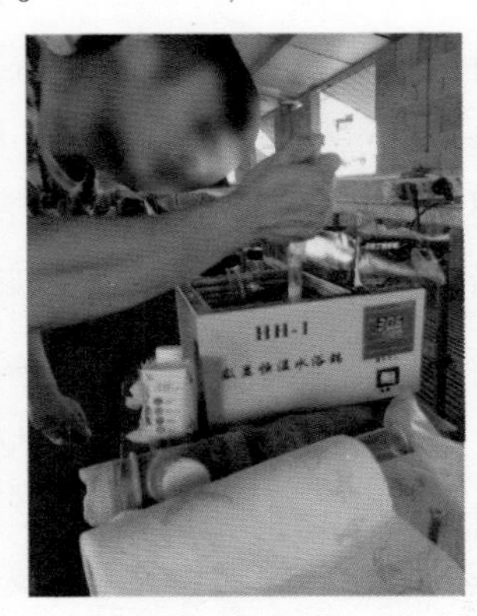

图 1.12 鲜精稀释

6. 精液保存

精液的保存是通过抑制精子代谢活动,达到延长精子存活时间而又不降低其受精能力的一种保存方法。精子保存有常温(18~20℃)保存、低温(2~5℃)保存及冷冻(-196℃)保存三种。

(1)常温保存。精液的常温保存,关键在稀释液的选择。用于羊精液常温保存的常用稀释液为三羟甲基氨基甲烷、果糖、柠檬酸钠和羊奶。

(2)低温保存。随温度的降低,精子的代谢活动减弱,至 10℃以下时,活动基本停止。低温保存时间以 24 小时为宜。

(3)冷冻保存。由于冷冻保存可使精子代谢活动完全停止，因而可保存数月乃至数年。目前常用的有颗粒冻精和细管冻精。

7. 输精

(1)保定发情母羊。助手将发情母羊两后肢提起固定，或采用横杠式输精架，将要输精母羊后肋担在横杠上，前肢着地，后肢悬空，可将数只输精母羊同时担在横杠上，输精时更方便快捷。

(2)输精。输精前用小块消毒纱布蘸取少量0.9%氯化钠溶液擦净外阴部，一只羊更换一块纱布。用后洗净，消毒备用。输精时，输精人员将已消毒的阴道开膣器涂抹少许润滑剂，左手握开膣器，右手持输精器，先将开膣器纵向缓缓插入阴道，进入后轻轻旋转至水平并打开开膣器，然后把输精器尖端拐弯处插入子宫颈0.5~1.0厘米，再用右手拇指轻轻推动输精器活塞，注入精液。再取出输精器，用开膣器保持一定的开张度拉出，动作要轻而稳，以防夹伤阴道黏膜(见图1.13)。

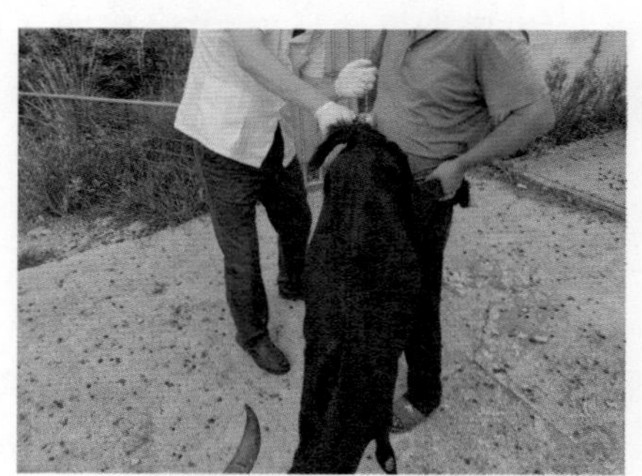

图1.13　人工授精

(3)输精量。应根据精液稀释倍数、母羊状况和输精技术等条件而定。原则是每只母羊一次输精量为0.1~0.2毫升，输入的有效精子数约为7000万个，初配羊输精量加倍。

(三)应用效果

据江西省畜牧技术推广站2006—2008年对山羊人工授精的结果表明,鲜精受胎率达70%,冻精受胎率48%。另据江苏省海门市推广高倍鲜精人工授精技术调查结果,其发情期受胎率达90%,一只种公羊每年可配种母羊10000~15000只。

四、高频繁殖生产技术

(一)概述

随着集约化、规模化养羊生产的迅速发展,母羊繁殖效率的高低直接决定养羊规模效益,是肉羊规模化养殖的关键因素。如何突破母羊产羔率低、周期长的瓶颈,最大限度发挥母羊的繁殖性能,充分发挥机械养羊的效率,提高劳动生产率,降低养殖成本,获取最佳规模养羊效益。目前,肉羊高频繁殖在生产中应用较为普遍的是一年两产技术体系。在生产过程中,这一技术体系必须与母羊营养调控、同期发情处理、羔羊早期补料断奶等技术措施相配套,才能获得理想的效果。

(二)技术要点

1. 母羊营养调控

一般来讲,营养水平对羊季节性发情活动的启动和终止无明显作用,但对排卵量和产羔数有明显影响。据研究表明,在配种前,母羊体重每增加1千克,其排卵率可提高2.0%~2.5%,产羔率则相应提高1.5%~2.0%。由于体重是由体型和膘情决定的,因此,排卵率主要由膘情决定,即膘情中等及以上的母羊排卵率高。产羔期间对母羊采取全舍饲饲养,实施短期优饲,提高日粮中优质蛋白质饲料原料的比例可提高母羊排卵数,即配种前

10～14 天日粮能量水平达到维持需要的 1.3～1.5 倍，蛋白质达 120 克/天。饲喂一些单宁含量高的树叶也可提高母羊的排卵数，一方面单宁有类似雌激素的作用，另一方面单宁有过瘤胃保护作用，提高肠道对氨基酸的吸收利用效果。

2. 母羊发情调控

可在母羊产羔 20 天后放置黄体酮阴道缓释剂（CIDR）。放置 CIDR 当天为处理周期第 1 天，绵羊于放栓后第 12 天肌内注射氯前列烯醇 0.05 毫克，第 13 天撤栓。山羊于放栓后第 14 天肌内注射氯前列烯醇 0.05 毫克，第 15 天撤栓。在撤栓当天可肌内注射孕马血清促性腺激素（PMSG）200～300 国际单位，但由于 PMSG 的主要作用是促进母羊的卵泡发育，这样可能会出现多卵泡发育而影响正常排卵的现象。因此，在首次输精时同时静脉注射促性腺激素释放激素类似物 LRH－A3，其目的在于促进已发育的卵泡排卵。从试验结果来看，这种提高母羊繁殖率的手段是可行的。

3. 公羊介入诱导

公羊介入诱导即所谓“公羊效应”，就是将公羊突然放入与公羊长期隔离的母羊群中，可以使母羊提前发情的一种效应。在肉羊非繁殖季节将公羊与母羊严格隔离饲养，要求母羊听不见公羊的叫声，闻不到公羊身体散发的气味。在配种时将公羊放入母羊群中，一般 24 小时以后有相当部分的母羊出现正常发情周期和较高的排卵率，这样可促进母羊提前发情配种，还可提高母羊受胎率，便于繁殖生产管理。隔离时间初步界定为绵羊至少 4 周，山羊至少 3 周。

4. 羔羊提早断奶

哺乳会导致垂体前叶促乳素分泌增加，从而会使得垂体促性腺激素的分泌量和分泌次数不足,造成母羊不能发情排卵。传统养羊哺乳羔羊一般3月龄,母羊两年三产,如何提高到母羊一年两产的高频产羔效果,必须重视羔羊的培育工作,尽早断奶。母羊产羔后,采用配套的羔羊超早期断奶技术对羔羊进行强化培育,以期达到母羊早期诱导发情提前配种的目的。羔羊采用提早补饲,一般7~10日龄开始诱导采食颗粒料,40日龄左右即可断奶,断奶后羔羊留圈继续补饲,母羊转入大栏组群准备配种。羔羊实行分群管理。对缺奶羔羊早期可以人工哺喂代乳粉。生产实践结果表明,采用配套的羔羊早期断奶技术,可以成功解决母羊多产后羔羊过多所带来的一系列问题,达到多产、高效的目的。在进行早期断奶时,饲喂的开食料应为易消化、柔软且具有香味的饲料,断奶后应选择优质青干草进行饲喂。同时,羊舍要保持清洁干燥,饮水卫生,以预防羔羊肠道疾病的发生。

5. 合理计划

实施一年两产应根据当地的气候条件和羊自身特性而定,一般南方第一产宜在2月份左右,第二产在9月份左右。

(三)推广应用

鄱阳县富大种养合作社种羊场采取高床“舍饲+补饲”方式养殖黑山羊,生产中推广羔羊10日龄左右提早诱导补饲。饲料选择羔羊商品料,采取隔栏补饲,自由采食,饲料少加勤添。50日龄左右断奶,羔羊留原栏进行大栏饲养,逐渐减少羔羊料,添加自配育成羊料。母羊转群实行短期优饲,10天后放入种公羊本交。羔羊3月龄后,公、母羊分群饲养,实施一年两产技术,产羔率达220%,取得了显著的生产效果。

第二章

南方肉羊高床栏舍建设

第一节 选址与布局

一、羊场选址

羊场建议尽量选择地势平坦开阔、通风干燥、排水良好、背风向阳的地方建设，不能在低洼易涝的地方建场。保持安全生物距离，应距离居民生活区、铁路和主干道、厂矿企业等人员密集点500米以上，和其他养殖场应间隔1千米以上距离。避免在疫病、寄生虫流行区内建场，以降低疫病隐患。建设用地要保证水源充足、水质良好，不能在水源污染严重的地方建场。要保证交通方便、供电稳定、网络通畅。

二、羊场规划

羊场规划要考虑生物防疫安全，场区要建立相对独立的防疫隔离设施和相应的防疫设备，以便建立生物防疫安全保护屏障。场区应以当地常年主导风向合理设置生活区、生产区和无害化处理区，按羊性别、年龄、生长发育阶段建设羊舍，分群饲养。场区雨污分离，净道和污道严格分开，并配备相应的粪污处理设施。通常存栏200只基础母羊、年出栏1000只商品羊的养殖场，占地20亩左右。

(一)羊场分区规划

分区规划时，首先从家畜保健角度出发，以建立最佳的生产联系和卫生防疫条件来安排各区位置。羊舍纵向轴线应朝南或南偏东15°或按常年主导风30°~60°布置。羊舍依次排列顺序为:生活区、办公管理区、饲草饲料加工贮藏区、消毒间、羊舍、病羊管理区、隔离室、治疗室、无害化处理设施、沼气池、晒草场、贮草棚等。各区之间应有一定的安全距离,最好间隔200米以上。生活区和管理区的污水应该设置专门通道排放,避免流入生产区,增加疾病传播风险和粪污处理压力。

(二)羊场建筑布局

羊的生产过程包括种羊的饲养管理与繁殖、羔羊培育、育成羊的饲养管理与育肥、饲草饲料的运送与贮存、疫病防治等,这些过程均在不同的建筑物中进行,彼此间发生功能联系。建筑布局必须将彼此间的功能联系统筹安排,尽量做到配置紧凑、占地少,又能达到卫生、防火安全要求,保证最短的运输、供电、供水线路,便于组成流水作业线,以实现生产过程的专业化有序生产(见图2.1a、图2.1b)。

图2.1a　某羊场布局

图2.1b　某羊场布局

羊场布局要考虑道路与消毒设施的建设。羊场内道路根据用途,设计定宽度,既方便运输,又符合防疫条件。通常要求运送饲料、健康羊群、安全生产物质,以及正常生产管理活动等专用道

路（净道）不得与运送粪污、病（死）羊、其他废弃物及疫情处置等的专用道路（污道）通用或交叉，兽医室有单独道路，不与其他道路通用或交叉。

羊场原则上不允许外来车辆、人员进入羊场内。如必须进入，要经过严格消毒措施后才可以进入。羊场区域要设置消毒池和冲洗设备，主要针对车辆等运输工具消毒；外来人员进出要设置更衣间、紫外线灯消毒房间或消毒剂喷雾消毒通道（见图2.2）；如果是种羊场，内部人员（包括饲料生产人员）进出生产区域也必须更换工作衣和消毒。规模达到一定数量的羊场应该考虑成羊销售的出羊平台，平台最好能设计成可以调节高度，以适应不同车辆装车的要求，如果可以利用出羊平台让外来人员不进入羊场也能看到羊舍、羊群则更为理想。出羊平台也要设置消毒设施，方便车辆消毒。

图2.2　某羊场喷雾消毒喷头

第二节　栏舍设计

一、设计要求

羊舍建设需要考虑的问题主要是通风、采光、保暖、羊舍操作空间及羊舍的利用率。舍前后两栋间隔为羊舍高度的2.0～2.5倍，相邻羊舍间距为8～10米。

羊舍设计要保证通风良好。通风能有效降低舍内有害气体浓度，高温季节能降低舍内温度，为羊只提供良好的生活环境。通风可以采用纵向通风与屋顶通风球通风相结合，无动力通风球排气是经济有效的通风方式。

为便于纵向通风，羊舍宜采用南北走向的房屋。南北走向的羊舍采用机械通风的可适当加长，以80米左右为宜。如果采用机械纵向通风，设计为东西走向也可以。双列式羊舍跨度通常为8～9米。

羊舍通风不建议用吊扇压风，风力下压会搅动下层氨气和水分，加速氨气散发和水分蒸发，增加羊舍氨浓度和湿度，不利于夏季羊只生长。

南方地区的羊舍设计，应该考虑到夏季防蚊蝇问题，减少蚊蝇传播疾病，更有利于羊只生长，防虫纱网可以在设计时考虑进去。

羊舍应有足够面积，羊在舍内不致拥挤，可以自由活动，各类

羊群围栏高度与面积见表2.1。产羔栏一般按基础母羊总数的15%～25%计算，产羔栏内应有取暖设备，保持栏内温度稳定，有利于提高羔羊成活率。运动场面积一般为羊舍面积的2～3倍。

表2.1　各类羊群围栏高度与面积

类别	围栏高度（米）	栏舍面积（米^2）	说明（米^2）
种公羊	1.2～1.5	1.5～2.5	单独饲养4～6
基础母羊	1.1～1.2	1.0～1.5	分娩栏2.0～2.5
育成育肥羊	1.1～1.2	0.8～1.0	–
断奶羔羊	0.8～1.0	0.5～0.6	–

羊舍的绿化建设。羊舍周围的环境绿化有利于羊的生长和环境保护。大部分绿色植物可以吸收羊群排出的二氧化碳，有些还可以吸收氨气和硫化氢等有害气体，部分植物对铅、镉、汞也有一定的吸收能力。有研究证明，植物除了吸收上述有害气体外，还可以吸附空气中的灰尘、粉尘，甚至有些植物还有杀菌作用。因此，做好羊场绿化可以使羊舍空气中的细菌大量减少。羊舍绿化还有减少噪音污染，调节场内温湿度，改善小气候，减少太阳直射和维持羊舍气温恒定等作用。

二、羊舍类型

（一）根据建筑材料分

有砖木结构房、钢架结构大棚和简易塑料大棚三种，不同材料造价成本高低不等，应根据经济实力选择建筑方式。

（二）根据羊舍内部布局分

有单列式羊舍（见图2.3）和双列式羊舍（见图2.4）两种。

图 2.3　某羊场单列式羊舍

图 2.4　某羊场双列式羊舍

(三)根据饲养类别分

1. 育肥羊舍

公羔 6 月龄后至育肥栏舍。

2. 配种羊舍

也叫成年羊舍，种公羊、后备羊、怀孕前期羊(3 月龄)在此舍分群饲养，一般采用双列式饲养，种公羊单圈，单独运动场；青年羊、成年母羊一列，同一运动场；怀孕前期羊一列，一个运动场。敞开、半敞开式都可。

3. 分娩羊舍

羊在怀孕后期、分娩后 10 天，要单栏饲养，需建怀孕舍和分娩舍，分娩栏 2.0 ~ 2.5 米^2/间，每百只成年羊舍准备 15 个。由于羊的怀孕期为 5 个月左右，一般分娩后 1 个月发情配种，正好是 6 个月左右。羊大多数是集中繁殖，进怀孕舍、分娩舍后，原来的羊舍大部分闲置，造成不必要的浪费。建议在建设羊舍时多设置活动栏，方便改造成怀孕、分娩舍。饲养管理时孕羊共用运动场，只需在采食时进行隔离。这样设计可以减少建设成本(见图 2.5)。

图 2.5　某羊场产羔舍和孕羊舍外观

4. 羔羊舍

羔羊断奶后进入羔羊舍，合格的母羔羊6月龄进入后备羊舍，公羔至育肥后出栏，应根据年龄段、强弱大小进行分群饲养管理。羔羊舍关键在于保暖，采取双列、单列都可。

羊舍分类不是绝对的，也可根据需要分为羔羊舍、育肥羊舍、配种舍（种公羊、后备羊、空怀母羊）、怀孕前期羊舍、怀孕后期羊舍等，设计时可单列或双列饲养，羊舍设计以管理方便、经济实用为原则。

第三节　建设要求

一、羊舍设施

（一）地基

羊舍地基要求坚固。轻钢结构羊舍（见图2.6），支撑钢梁基座应用钢筋混凝土浇筑，深度1.5米以上，非承重墙地基50厘米；砖混结构羊舍（见图2.7），地基深80～100厘米，墙基与土壤间做防水处理。

（二）墙体

羊舍墙体纵向两侧为全开放式钢构结构或半开放式砖混结构，全开放式钢构结构羊舍，每隔5.0米立1根承重支柱，侧墙用高1.1～1.3米的隔栅钢材料与外界分离；半开放式砖混结构，侧墙高1.1～1.3米，与外界隔开。两种结构均设手动卷帘防护遮

挡,用于遮阳保温。羊舍端墙为全封闭式,轻钢或砖混结构,端墙设置大门,门宽同走道,通常宽 2.0 ~ 2.5 米,门高不低于 2.5 米。墙体周围硬化 60 ~ 80 厘米,便于雨污分离。

图 2.6 某羊场轻钢结构羊舍外观

图 2.7 某羊场砖混结构羊舍外观

钢结构羊舍承重柱用直径 110 毫米的镀锌钢管或 200 毫米的“工”字形钢材,每隔 5 米立 1 根;侧墙隔栅钢可选 60 毫米镀锌钢管或其他钢材料;端墙为 80 毫米 ×80 毫米方钢立柱支撑,墙

体为 50 毫米厚彩钢夹钣。砖混结构端墙为二五砖混。

（三）屋顶

屋顶为单坡式、双坡式（见图 2.8）或钟楼式。屋面坡度约 15°，屋檐应向外延伸（水平 40 厘米），舍内净高不低于 2.5 米，可用彩钢瓦、聚苯板或岩棉板等保温隔热材料覆盖屋顶。

图 2.8　某羊场双坡式屋顶

（四）羊圈

羊圈规格通常为宽 2 ~ 3 米、长 4 ~ 5 米为一间，羊床下的粪坡角度在 30°左右即可。根据羊舍长度确定羊圈间数。

1. 漏粪板

漏粪板距离地面 0.4 ~ 2.2 米，根据羊舍跨度（宽度）按 500 ~ 700 毫米间距均匀放置并固定楼枕，在楼枕上固定漏粪板条，要求条对条、缝对缝。漏粪竹片为两片内芯刨平并拢（20 ~ 30）毫米 ×30 毫米。木条规格为（30 ~ 50）毫米 ×（30 ~ 40）毫米，木条或竹条间距：成年羊 15 ~ 20 毫米，断奶羔羊 10 ~ 15 毫米。钢丝网床的规格为 4.5 毫米的钢筋，焊接成 15 毫米 ×50 毫米大小孔

径的网床，扭纹螺钢板条规格为 10～12 毫米，焊接成 15 毫米×150 毫米大小孔径的漏缝，固定在楼枕上，装满羊床即可。

漏粪板设楼枕（承重梁）支撑，楼枕要求坚固耐腐蚀，材料为木制或钢制；漏粪板条可选择木条（见图 2.9）、塑钢、扭纹螺钢、竹片（见图 2.10）、钢丝（见图 2.11）和水泥等。

图 2.9　木制漏粪板

图 2.10　竹制漏粪板

图 2.11　钢丝漏粪板

漏粪板缝隙太小，羊粪不易下落，缝隙太大，羊易失足插入缝隙造成骨折，尤其在公羊爬跨时容易失足。因此，要根据羊只情况适当调节至最适宜缝隙。竹片和木条漏粪板容易损坏，需要定期检查更换，钢丝和螺钢的易氧化，各有优、缺点，需要根据生产实际情况选择应用。

2. 隔栅

隔栏规格为育成羊、空怀或妊娠母羊栏(4～6)米×(2.5～3.0)米，待产及哺乳前期母羊单栏(1.0～1.2)米×(2.5～3.0)米，种公羊单栏(1.2～1.5)米×(2.5～3.0)米；走道远端设置羊只转栏通道0.6～0.8米。

制作方法以横向排列(见图2.12)，间距从上至下依次为220毫米、220毫米、80毫米、80毫米，下端连接料槽。主栏杆采取60毫米镀锌钢管，次栏杆为40毫米镀锌管。隔栅纵向排列(见图2.13)，栅栏间距80～100毫米，近喂料道端每隔280～300毫米

设一“Y”型喂料孔，距羊床高500～600毫米。喂料孔尺寸(高×宽)：成年公羊(220～250)毫米×(270～300)毫米、成年母羊(200～220)毫米×(250～270)毫米，育成羊(80～100)毫米×(16～18)毫米。隔栅下端宽100毫米。具体可视羊只实际情况而定。材料可以用60毫米镀锌钢管、40毫米镀锌钢管。

图2.12　横向排列隔栅

图2.13　纵向排列隔栅

(五)料槽

1. 固定式料槽

上部开口宽350～400毫米,圆弧形底宽200～250毫米,羊床地板至料槽上缘400～500毫米、深380～420毫米,料槽边缘用角铁加固钝化,每隔3～4米与栏舍或其他固件连接。或采用混凝土料槽,料槽上缘与中间通道在同一平面,大小同上,四角、槽底呈圆弧形。材料可用混凝土(见图2.14)、防锈铁合金(见图2.15)、PVC(见图2.16)、30毫米×30毫米角铁等。

图2.14　某羊场混凝土料槽

图 2.15　某羊场防锈铁合金料槽

图 2.16　某羊场 PVC 料槽

2. 移动式料槽

适用各种羊只舍饲喂料。可用木板或铁皮制作,大小和尺寸可灵活掌握。为防止羊只踏翻饲槽,一是在饲槽两端安装临时性的但装撤方便的固定架,若固定架设在采食一侧,最好从架的横杆处垂直装上能伸进羊头的钥匙形或“T”形孔;二是将长方形饲槽两端的木板改为高出槽缘约 30 厘米的长条形木板,在木板上端中心部位开一圆孔,用一长圆木棍从两孔中插入,再用绳索紧扎圆棍两端后,悬挂在羊舍补饲栏上方,高度应以羔羊吃料方便为宜。

(六)饮水设施

羊舍内沿侧墙设自动饮水装置,饮水装置距羊床高为:成年羊 550~600 毫米,羔羊 200~300 毫米。可采用乳头式饮水器、碗式饮水器(见图 2.17)。

图 2.17　碗式饮水器

运动场饮水器可以用木板、金属板材卷成半圆形或钩缝梯

形、剖开的PVC管材、纤维玻璃钢等材料制作。水槽的设置既要考虑不容易被羊拱翻，又要便于清洗。否则水槽一旦受污染，羊宁可受渴也不愿喝水。当然，也可以采取人工定时喂水或安装自动饮水器自动供水。

（七）运动场

运动场应选在背风向阳、稍有坡度，以便排水和保持干燥。圈养种公羊、种母羊的羊舍应在羊舍南侧设运动场，运动场面积是羊栏面积的2～3倍，运动场围栏高1.3～1.5米，运动场地面应沿羊舍向外设5°～10°的缓坡，方便羊只进出。运动场四周设排水设施，运动场两侧（南、西）应设遮阳棚或种植树木，以减少夏季烈日暴晒。栏舍与运动场间要设门，门宽60～80厘米。运动场地面为混凝土、立砖、方石等，围栏为二五砖混墙或钢结构材料。

二、附属设施

（一）排污沟

设在羊舍后墙沿向外地面下，宽20～25厘米、深5～50厘米，朝污水收集沟一方倾斜，以便集中收集处理后排出场外。

（二）饲料库房及饲料调制室

饲料调制室应设在羊舍一端，长3.5米，宽2～3米，饲料库房靠近饲料调制室，以便车辆运输。

（三）青贮、氨化设施及草垛

青贮塔（窖或坑）可设在羊舍上风向近处，应防止羊舍和运动场的污水渗入其内。

(四) 排污处理和兽医室

贮粪场应设在羊舍下风向、地势低洼处或在羊舍排粪尿沟下方，并建化粪池或沼气池，按每10立方米处理20只羊粪尿计算，排污符合GB 18596—2001要求。兽医室和病羊舍要建在羊舍下风向100米以外的偏僻处，以避免疾病的传播。

(五) 场部办公室和职工宿舍

应设在羊场大门口或羊场外的地势较高的上风向。羊场大门口旁应设值班室、大门口应设消毒室(池)。

(六) 蓄水池

设在羊场上风向距羊舍较近处，砖混结构，蓄水量每只羊不低于200千克。

药浴池建设详见本书“第五章第一节”。

第三章 牧草栽培及青粗饲料的利用

第一节　饲料的分类

一、青绿多汁饲料

对于动物营养来说，青饲料可以说是一种营养相对平衡的饲料。但由于其干物质含量低，因此采食能量水平也低，从而限制了充分发挥它们潜在的其他营养优势。然而优良的青饲料是可以与一些中等能量的饲料相媲美的，因此，在草食动物饲养方面，青饲料与由它调制的干草配合使用，可以长期作为主要日粮提供相当的生产能力。

（一）青绿饲料

青绿饲料指天然水分含量在60%以上的饲料，包括各种野生杂草、灌木枝叶、树叶、蔬菜、水生植物，以及栽培牧草等。它具有营养物质全面均衡、柔嫩多汁、易于消化、适口性好、种类繁多、来源广、利用时间长的优点。其营养特点为：

1. 营养物质相对平衡

粗蛋白质含量一般较高，牧草在1.5%～3.0%，豆科青饲料则在3.2%～4.4%。如按风干样品计算，禾本科牧草粗蛋白质含量在13%～15%，豆科牧草在18%～24%，后者可满足家畜在任何生理状态下对蛋白质的营养需要。不仅如此，由于青饲料都是植物体的营养器官，一般含赖氨酸较多。

2. 富含碳水化合物

陆生饲料每千克鲜草的消化能在1254～2508千焦，如以干物质计算,每千克干草消化能在8360~12540千焦。这说明陆生饲料可以与某些能量饲料相媲美。如燕麦籽实干物质中每千克含消化能也不过12540千焦,而麦麸只有10868千焦。

3. 维生素含量丰富

在青饲料中,胡萝卜素含量可达50~80毫克/千克。在家畜采食正常数量青饲料的情况下,它们所获得的胡萝卜素量也已经超过需要量的100倍。同时,B族维生素丰富,如1千克新鲜苜蓿中含硫胺素1.5毫克、核黄素4.6毫克、烟酸18毫克。还含有较多的维生素E、维生素C和维生素K等。一般豆科牧草中胡萝卜素、B族维生素的含量高于禾本科,春季幼嫩青绿饲料中维生素含量要高于秋季枯老的。青饲料中维生素营养方面的缺点是不含维生素D。

4. 矿物质含量丰富

青饲料中矿物质的含量因其种类、土壤与施肥情况而异,同时,钙、磷含量差异较大。一般钙含量按干物质折算占0.2%~2.0%、磷占0.2%~0.5%。豆科牧草钙含量特别高,多集中于叶片,但它们占干物质的含量随着植物的成熟度而呈下降趋势。因此,在一般情况下,依靠青饲料为主的动物不易表现缺钙。相对来说,缺磷的情况尚有报道,但一般青饲料中钙、磷比例是比较平衡的。

(二)多汁饲料

多汁饲料是指块根、块茎及瓜果类饲料,它包括胡萝卜、甘薯、饲用甜菜、马铃薯、南瓜、甜瓜等。其特点是水分含量很高(75%~90%),干物质含量相对较低,营养价值也较低。就其干

物质而言,粗纤维含量低,质脆鲜美,适口性好,消化率高,维生素含量较高。如:胡萝卜、甘薯中的胡萝卜素含量较多;而南瓜中核黄素含量高,可达 13.1 毫克/千克,是种羊、奶羊及羔羊冬季补饲的重要饲料原料。由于多汁饲料水分含量高,一般在肉羊日粮中不宜多喂,每日每只以 1~2 千克为宜。

二、粗饲料

粗饲料指干物质中水分含量小于 60%,而粗纤维含量在 18%以上的饲料。它的有机物质消化率在 70%以下,每千克干物质的消化能不超过 10450 千焦,主要包括青干草、干树叶及作物的秸秆和秕壳类等。青干草、干树叶类,其营养物质含量较全面,维生素和矿物质含量较高。在国外畜牧业中,青干草几乎是不可缺少的饲料,特别是对草食畜禽,干草用量也大大地超过青贮饲料。而秸秆类和秕壳类粗饲料则营养价值较低,粗纤维含量特别高(33%~45%),而且其中木质素与硅酸盐在灰分中含量达 30%左右。因此,秸秆类粗饲料消化能在 7775~10450 千焦/千克。秕壳类粗饲料的消化能只有 2000~2500 千焦/千克。各种秸秆类粗饲料中粗蛋白质含量很低,豆科在 8.9%~9.6%。禾本科在 4.2%~6.3%。可消化蛋白质就更少了,每千克干物质中只有 2~23 克。矿物质含量在秸秆类粗饲料中含量虽很高,如稻草含量达 17%,但多是硅酸盐,而对动物有营养价值的钙、磷含量却很低。适口性以花生秸、红薯藤等较好。

秸秆类粗饲料营养价值虽低,但对于草食畜禽来说却十分重要。一方面,它可以为家畜提供少部分能量物质。另一方面,它具有较大的容积和较高的粗纤维含量，这与草食畜禽消化器官相适应，能起到填充和帮助消化的作用。在养羊生产中，特别是在雨季，植物生长旺盛，水分含量高，适当添加秸秆类饲料，有利于羊只消化和粪便形成，提高其消化能力。

三、能量饲料

能量饲料是指饲料干物质中粗纤维含量低于18%，粗蛋白质含量低于20%，消化能含量在10.5兆焦/千克以上的一类饲料，包括谷实类、糠麸类等。这类饲料的基本特点是体积小、可消化养分含量高，但养分组成较偏。如：籽实类饲料能量含量较高，但蛋白质含量低；含粗脂肪7.5%左右，且主要为不饱和脂肪酸；含钙量不足，一般低于0.1%；含磷较多，可达0.30%～0.45%，但多为植酸盐，不易被消化吸收。另外，缺乏胡萝卜素，但B族维生素比较丰富。这类饲料适口性好，消化率高，在肉羊饲养中占有极其重要的地位。

四、蛋白质饲料

蛋白质饲料是指干物质中粗纤维含量在18%以下，粗蛋白质含量在20%以上的一类饲料。它是肉羊日粮中蛋白质的主要来源，其在日粮中所占比例为10%～20%，包括植物性蛋白质饲料和单细胞蛋白质饲料。

五、矿物质饲料

矿物质饲料包括食盐、石粉、贝壳粉、蛋壳粉、石膏、硫酸钙、

磷酸氢钠、磷酸氢钙、骨粉、混合矿物质补充饲料等。矿物质饲料是为了补充饲料中的钙、磷、钠和氯等的不足。这类饲料的补喂量一般占精饲料量的3%左右，食盐最好让羊自由舔食。

六、饲料添加剂

饲料添加剂是指在配合饲料中加入的各种微量成分，其作用是完善饲料的营养成分，提高饲料的利用率，促进肉羊生长和预防疾病，减少饲料在贮存期间的营养损失、改善产品品质。营养性添加剂一是可补充饲料营养成分，如氨基酸、矿物质和维生素。非营养性添加剂可促进饲料的利用和保健作用，如生长促进剂、驱虫剂和助消化剂等；二是有防止饲料品质降低的作用，如抗氧化剂、防霉剂、黏结剂和增味剂等。

第二节　适宜养羊的高产牧草栽培技术

随着集约化养羊水平的提高，高产优质的人工牧草已广泛在养羊生产中应用，现将几种常见的且适合南方地区种植的牧草品种及栽培利用技术介绍如下：

一、桂牧1号杂交象草

桂牧1号杂交象草（见图3.1）是由广西畜牧研究所采用摩特矮象草为父本、以杂交狼尾草（美洲狼尾草×象草）为母本进行杂交选育而成的。

图 3.1　桂牧 1 号杂交象草

（一）特征特性

桂牧 1 号杂交象草植株高大，一般株高 2 ~ 3 米。根系发达，具有强大伸展的须根，多分布于深 40 厘米左右的土层中，最深者可达 2 米。在温暖潮湿季节，中下部的茎节长出气生根。茎丛生、直立、有节，直径 1.5 ~ 2.0 厘米，圆形，分蘖多，通常达 50 ~ 150 个。叶互生，长 100 ~ 120 厘米、宽 4.8 ~ 6.0 厘米，叶面具茸毛。

桂牧 1 号杂交象草喜温暖湿润气候，适应性很广，在海拔 1200 米以下地区均能良好生长，能耐轻霜，但如遇严寒，仍可能冻死。在气温 12 ~ 14℃ 时开始生长，23 ~ 35℃ 时生长迅速，8 ~ 10℃ 时生长受到抑制，5℃ 以下时停止生长。具有强大根系，能深入土层，耐旱力强。在特别干旱、高温的季节，叶片稍有卷缩，叶尖端有枯死现象，生长缓慢，但水分充足时，能很快恢复生长。对土壤要求不严，在沙土、黏土和微酸性土壤上均能生长，但以土层

深厚、肥沃疏松的土壤最为适宜。再生能力强，生长迅速，在高水肥条件下，产量潜力巨大。

(二)栽培技术

1. 整地

象草为多年生牧草，产量增长潜力大，需肥量大。整地要求深翻耕，并施入有机肥(猪、牛粪等)2000～3000 千克/亩作基肥，也可用复合肥 50～75 千克/亩作基肥。耙碎土块，平整土面。

2. 种植

栽培时间以春季 3 月上旬至 3 月下旬为宜，暖冬年份可在种茎收获期进行冬植。按行距 50 厘米左右开沟，肥力差的土壤行距稍密些，开沟深度 4～5 厘米，冬植时沟深 8～10 厘米，以保护种茎安全过冬。开沟后将种茎平放沟内，一沟摆两行，并错动节位，施钙镁磷肥 30～50 千克/亩于行沟内，盖土 3～4 厘米。

3. 管理

象草出苗在春季，杂草多，要进行 1～2 次中耕锄杂，并施尿素 10～12 千克/亩催苗。低洼地要开沟排水，防止积水。再生分蘖从基部萌发，刈割时留茎基部 1～2 个茎节。夏秋高温天气，遇干旱有灌溉条件的要及时灌溉。象草宿根越冬一般较安全，冬前对宿根进行根蔸培土或施 2000～3000 千克/亩牛栏粪盖住根蔸，对保护宿根安全越冬十分有利。

(三)营养与利用

象草具有较高的营养价值。经测定：干物质中粗蛋白质含量 14%、粗脂肪 2.32%～4.60%、粗纤维 23.10%～28.88%、无氮浸出物 34.10%～49.38%、粗灰分 12.55%～24.19%、钙

0.25% ~0.95%、磷 0.11% ~0.52%。

供青期在 5—11 月,以 6—10 月产草量较高,在叶丛高度达 80 ~120 厘米可刈割利用,利用时宜切成 3 ~5 厘米长。年刈割 5 ~6 次,生长旺期,每隔 25 ~30 天即可刈割 1 次,每亩鲜草年产量 15000 ~20000 千克,高产者 30000 千克以上。

二、多花黑麦草

多花黑麦草(见图 3.2)是江西省及南方秋冬季种植的重要优良牧草品种,其适应性广、抗逆性强、产量高、草质好,是羊冬春季较好的青饲料。

图 3.2　多花黑麦草

(一)特征特性

多花黑麦草为越年生禾本科黑麦草属草本植物,植株高 120 ~150 厘米,秆圆柱形,直立光滑,叶片柔软下披,叶背光滑而有光泽,深绿色,叶片比多年生黑麦草略长而宽。穗状花序,每小穗有小花 10 ~20 朵。小穗连芒长为 1.2 ~1.5 厘米,外稃上部延

伸成芒，长0.1～0.8厘米，这是区别于多年生黑麦草的主要特征。每穗花序有种子120粒左右，种子小而轻。

多花黑麦草性喜温暖湿润气候，耐低温，10℃左右生长良好，在日平均气温20～30℃时生长迅速。较耐寒、耐湿润，但忌积水，喜壤土，也适宜黏土种植。耐盐碱、耐酸，在含盐量0.25%以下的土壤中生长良好，最适宜pH值为6～7的土壤，pH值为5～8时也能正常生长。生长期分蘖力及再生能力极强，耐割、耐牧，可多次刈割利用，又可放牧。种子一般在5月下旬成熟，全生育期为185～200天。

（二）栽培技术

1. 整地

多花黑麦草的种子比较轻且小，所以需要精细整地。为保证植株根部发育良好，要深翻地，耕深不少于20厘米。翻地前，亩施优质粪肥1500～2000千克作基肥。利用稻田种植的可以采用板田免耕直播。

2. 播种

多花黑麦草一般在9月中旬至11月下旬播种，最适宜播种期为9月中旬至10月中旬。作刈草用的黑麦草亩播种量为2.0～2.5千克，一般以条播为宜，也可撒播。播前可用钙镁磷肥或草木灰拌种，行距20～30厘米，播种后覆土2～3厘米。板田免耕直播亩播种量为3～4千克。

3. 施肥

基肥以有机肥为主，或亩施复合肥30千克，在缺磷的土壤上，每亩施用钙镁磷肥15～25千克，与有机肥拌匀耕翻作基肥。

追肥则在冬季和早春施用,一般每次每亩施尿素7.5~10.0千克。此外,每次刈割之后,都要追肥一次,每次亩施尿素5.0~7.5千克。

4. 田间管理

苗期要及时中耕除杂,天气干旱时要及时灌溉。开春后,多花黑麦草即可迅速生长而抑制杂草的生长。多花黑麦草一般不会发生病虫危害。成熟期鸟、鼠喜欢吃其种子,应采取有力措施防守。

(三)板田直播技术要点

1. 土地选择

多花黑麦草对土壤要求不严,选地时可不考虑土壤肥力,但要注意选择不积水的地块。板田播种的,收割稻谷时应尽量低刈,茬高10厘米以下。

2. 播种时间

多花黑麦草种子发芽适宜温度为13~20℃,低于5℃或高于35℃时发芽困难,一般在9月至11月下旬播种(8月底播种可提前刈割利用)。

3. 播种方法

(1)水稻收割前撒播:在水稻收割前10~15天,种子用35~40℃的温水浸泡5~8小时,捞起沥干后拌上磷肥或细土撒播,也可与紫云英(红花草)混播。每亩播种量2.0~2.5千克。

(2)水稻收割后撒播:在水稻收割后及时播种,方法同水稻收割前。地块用旋耕机开浅沟,沟距1.0~1.2米,旋起的碎土可覆盖种子,浅沟可起排水作用。

4. 田间管理

稻田一定要有排水沟，利于排水和灌溉。多花黑麦草对氮肥敏感，要结合灌水施肥，出苗后7天施断奶肥，分蘖与拔节期各追肥一次，每次每亩施尿素或复合肥5~10千克。以后每割一次追肥一次，每次每亩施尿素5.0~7.5千克。为了不影响早稻生产，一般应在早稻插秧前15天左右进行最后一次刈割，并放水沤田，每亩可撒施20~25千克石灰加速多花黑麦草根系分解，促进后作水稻生长。

(四)营养与利用

多花黑麦草草质好，柔嫩多汁，适口性好，不仅是各种畜禽和草鱼的好饲料，而且是土壤改良和保持水土的先锋草种，也是优良的绿肥作物。干物质中粗蛋白含量17.86%、粗纤维含量14.21%、粗灰分含量12.82%。

多花黑麦草供草期12月至翌年5月下旬，高产期3—5月，刈割高度一般在30~60厘米，留茬高度5~7厘米，年可刈割3~5次，亩产鲜草4000~5000千克，水肥条件良好可达8000千克。既可青草直接饲喂，草质优良，畜禽喜食，也可调制成干草或青贮利用。农田还可在春种前翻作绿肥，也是开垦荒地的先锋草种和水土保持的优良品种。

三、高丹草

高丹草(见图3.3)是饲用高粱与苏丹草的最新杂交组合，具有极高的牧草产量，在阿根廷、美国等美洲国家使用极其广泛，是优质的畜牧用草。

图3.3　高丹草

(一)特征特性

根系发达,茎高2～3米,分蘖能力强,叶量丰富,叶片中脉和茎秆呈褐色或淡褐色。疏散圆锥花序,分枝细长;种子扁卵形,棕褐色或黑色,千粒重10～12克。

高丹草属于喜温植物,不抗寒、怕霜冻。对土壤要求不严,无论沙土壤、微酸性土和轻度盐碱地均可种植。种子发芽最低土壤温度16℃,最适生长温度24～33℃,幼苗时期对低温较敏感,已长成的植株具有一定抗寒能力。高丹草根系发达,抗旱力强,在降水量适中或有灌溉条件的地区可获得高产。在干旱季节如地上部分因刈割或放牧而停止生长,雨后也可很快恢复再生。但严重缺水会影响产量,雨水过多或土壤过湿也对其生长不利,容易遭受病害,尤其容易感染锈病。高丹草为光周期敏感型植物,表

现出很好的晚熟特性，营养生长期比一般品种长，株高和茎秆直径因亲本不同有很大差异。分蘖能力强，分蘖数一般为 20～30 个，分蘖期长，可延续整个生长期。叶色深绿，表面光滑。种子扁卵形，颜色依品种不同，有黄色、棕褐色、黑色之分，千粒重因品种不同有较大差异。

（二）栽培技术

高丹草对播种期无严格要求，播种从 4 月上旬至 7 月中旬都可，没有时间、节气限制。为了保证整个夏季都有青绿饲料供应，可每隔 20～25 天播一期。播前深翻土地，施足有机肥，也可与豆科牧草混播。条播：行距 30～40 厘米，播深 1.5～3.0 厘米，播种量每亩 2.0 千克；撒播：每亩播种量 2.5～3.0 千克。播后加强田间管理，及时浇水施肥。一般 6～8 周后植株可达 1.3～1.5 米，即可进行首次刈割，割时留茬 10～15 厘米，过低会影响再生。根据喂养所需鲜草量安排收割进度，水热条件好的季节，刈割后一个月左右就可进行第二次刈割。

（三）营养与利用

高丹草含有丰富的可消化营养物质，于拔节期测定其营养成分：干物质 16.3%、粗蛋白质 3%、粗纤维 3.2%、粗脂肪 0.8%、粗灰分 1.7%、无氮浸出物 7.6%，干物质中粗蛋白质 15% 以上。在灌溉条件下，再生能力强，北方可刈割 3～4 次，亩产鲜草 5000～8000 千克，南方可刈割 6～8 次，最高亩产鲜草 15000 千克。在利用时，要及时掌握高丹草的品质变化，抽穗后品质会明显下降，因此，应在抽穗前刈割利用。高丹草的利用方式多样，刈割后可以青饲、青贮，也可直接放牧和调制成干草。由于植株体内糖分

含量高、营养价值高及适口性好。因此,高丹草具有很高的饲喂价值,是奶牛、肉牛、羊、鱼等的优质饲草料。

四、串叶松香草

串叶松香草(见图3.4)又名松香草,原产于北美洲,1979年从朝鲜引入我国。近年来,在全国各地均有栽培,分布比较集中的有广西、江西、陕西、山西、吉林、黑龙江、新疆、甘肃等省(区)。

图3.4 串叶松香草

(一)特征特性

串叶松香草是菊科多年生草本植物,茎直立,一般株高1.8~2.0米,最高可达3米以上。茎生叶对生、肥大,叶量多占整株草量的55%~70%。叶卵形,边缘有缺刻,上部叶合生贯穿叶,因含有松香树脂香味而得名。头状花序,花冠黄色,果实为瘦果,长心脏形,棕色,种子成宽扁心状暗褐色,千粒重约20克。

串叶松香草喜温暖湿润,耐严寒,抗干旱,耐热,耐湿,且抗病力较强。

(二)栽培技术

选择土质较肥沃的土壤种植,施足底肥,精细整地。春、秋两季均可播种,以育苗移栽为好,4 ~5 叶期移栽,或按行距 45 ~60 厘米、株距 40 ~45 厘米进行点播,浅盖种。每亩播种量 0.5 千克左右。出苗后施氮肥 5 ~10 千克,并中耕除杂 1 ~2 次。株高 60 ~80 厘米高时可刈割,留茬高 6 ~7 厘米,一年可刈 4 ~5 次,每次刈后应随即松土追施速效肥料,以促再生。也可用分株繁殖。

(三)营养与利用

种植一次可连续生长 10 ~12 年,一般第一年亩产鲜草 3500 千克以上,第二年亩产高达 1 万 ~2 万千克,可作青饲料,茎叶肉质肥厚、松脆,是加工干草粉的最佳草品种。其营养价值在蛋白质、钙、磷和胡萝卜素等方面都相当于苜蓿。据化验:干草中含粗蛋白质 17.8%、粗脂肪 3.89%、粗纤维 17.2%、无氮浸出物 40.37%,每千克鲜草中含消化能 1700 千焦,可消化蛋白质 33.2 克。

串叶松香草是猪、兔、羊的好饲草,以兔、羊最爱吃。因串叶松香草含有微量松香脂,家畜禽初吃时,不太习惯,先与其他饲料拌匀连喂几天后就会慢慢适应。

五、饲用玉米

饲用玉米(见图 3.5)是指专门用作青饲料栽培的玉米品种,其茎秆粗壮、叶片宽大、生长发育快、草产量稳定、营养丰富、品质好,特别适宜青贮加工。

图 3.5　饲用玉米

(一)特征特性

饲用玉米为禾本科玉米属一年生草本植物,须根极强大,茎秆直立,光滑,地面茎节上轮生几层气生根,秆高 250 ~ 300 厘米。叶片长 60 ~ 130 厘米,宽 15 厘米左右,柔软下披。雌雄同株异花,雄花为圆锥花序,分主枝与侧枝;雌花为肉穗花序,外有包叶,果穗中心有穗轴。颖果,呈扁平或近圆形,颜色为黄、红、白、花斑,千粒重 300 ~ 400 克。

饲用玉米生长发育快,出苗后生长 60 ~ 80 天可收割,春、夏、秋季均可种植,适用于倒茬及季节性供青种植。一般使用熟地或肥沃土地种植。饲用玉米对光照敏感,适合选择在南方引种,生育期可延长,植株高大,鲜草产量高。

（二）高产栽培技术

1. 整地

利用机械进行耕翻或旋耕整地，做到疏松土壤18～20厘米，平整地面，清除杂草。翻耕前应施用充足基肥，每亩施有机肥（猪、牛粪等）2000～3000千克或施用复合肥30千克。

2. 播种

4月上旬至9月上旬均可播种，可采取分期播种，达到错开利用期的目的。同一地块可播种2～3茬。以条播或点播为好，行距35厘米或行株距35厘米×（15～20）厘米，也可撒播。播种深度2～4厘米，播后盖种。专用饲用玉米品种亩播种量1.5～2.0千克，普通玉米品种亩播种量5～8千克。

3. 田间管理

玉米不分蘖，必须保证全苗，要及时查看出苗情况，出苗不足的要及时补种。

出苗后及时追施断奶肥1次，每亩尿素3～5千克；幼苗生长较快，一般不会受杂草危害；在生长期视苗情长势追肥1～2次。播种第二、第三茬时因处于夏秋季，天气高温干旱，特别要注意灌溉，以保障出苗和全苗。提倡施用沼液，其能同时达到施肥、灌溉的效果。

4. 收获与利用

一般出苗后生长60～80天，在玉米棒乳熟期收割，品质最好。每亩鲜草产量3000～6000千克。由于茎秆粗壮，利用时宜经机械揉搓后饲喂。鲜草直接饲喂适口性好，也可进行青贮加工。因品质好，营养价值高，牛、羊等畜禽喜食。

第三节 青粗饲料加工利用技术

青粗饲料加工调制是指对青绿多汁饲料和农作物秸秆进行收集、保存和提高其营养水平的方法，主要有青贮、调制青干草和粗饲料的加工调制等。搞好青粗料的加工调制，实行以旺补淡，才能确保四季青粗饲料的均衡供应，同时经加工调制的饲草饲料，能改善粗饲料品质，提高其适口性和消化吸收率。

一、青贮饲料加工调制及利用

青贮饲料是把新鲜青绿多汁饲料，通过封埋造成缺氧条件，依靠乳酸菌发酵制成长期保存的饲料，所以有人把它称为"草罐头"。目前，被称为高能青贮饲料的青贮玉米推广很快，主要原因是青贮玉米具有产量高、容易调制、适口性好等特点。根据我国的自然经济条件以及畜牧业结构的内部调整，如果要发展牛羊等反刍动物，解决淡季饲料供应，实现周年青饲料均衡轮供，就应当大力发展青贮饲料的生产，以适应畜牧业生产的需要。

(一)青贮饲料的优点

1. 改善青饲料的供应状况

青饲料的生产和供应有旺季和淡季之分。如果在旺季有计划地把利用不完的青饲料贮存起来，留至淡季饲喂，就能使家畜一年四季都能采食到青绿多汁饲料，从而保持高水平的营养状态和生产水平。

2. 营养丰富

一般制作的干草，其蛋白质及干物质养分的损失占 20% ~ 30%，而青贮饲料一般仅损失 10% 左右，尤其能有效地保存胡萝卜素。以甘薯藤为例，新鲜的甘薯藤每千克干物质中含有 158.2 毫克胡萝卜素，青贮后 8 个月，仍然可保留 90 毫克；而晒成干草则只剩 2.5 毫克，损失养分达 98% 以上。

3. 适口性好，消化率高

青绿多汁饲料经过青贮发酵，产生大量的芳香族化合物，具有甜酸香味，同时又柔软多汁，牛、羊、兔都喜食，而且比干草容易消化。

4. 青贮饲料保存方法简便

1 立方米青贮饲料重为 400 ~ 600 千克，其中干物质为 150 千克；而 1 立方米干草的重量仅 70 千克，所含干物质仅 6 千克。另外，青贮饲料不会因风吹、雨淋、日晒引起变质，不会发生火灾等意外事故。

5. 提高饲料品质

有的牧草新鲜时有异味，有的质地较粗硬，一般家畜多不喜食或利用率很低，但如果把它们调制成青贮饲料，不但可改变口味，并可软化草质，增加可食部分的数量。又如甘薯藤、花生藤上的叶片养分要比茎秆的养分高 1 ~ 2 倍，在调制干草过程中容易脱落损失，但制成青贮饲料，这些富有养分的叶片被充分保留，也就保证了饲料的质量。

6. 有利于畜禽的健康，减少对作物的危害

青饲料在新鲜或晒干粉碎饲喂时，病菌、虫卵等易被家畜采食，危害畜体健康。同时虫卵与不易消化的杂草种子，又会随粪

便带入田间，危害作物。经过青贮后，能够杀死病菌、虫卵和杂草种子，减少对家畜和作物的危害。

7. 促进种、养两业的有机结合

青绿饲料原料属种植业季节性集中产生，青贮饲料用于养殖需全年均衡供应，青贮是解决集中产出与均衡供应矛盾的最佳方法。青贮对种植业可解决青绿饲料易腐难存的困难，实现丰产、丰收，青贮饲料用于养殖业可促进四季均衡供应，种、养两业因青贮技术的桥梁作用而形成良好的结合与互促。

（二）青贮原理

青贮的实质就是在厌氧条件下，利用乳酸菌发酵产生乳酸，使之积累到足以使青贮料的 pH 值下降到 3.8～4.2，青贮料中所有微生物活动都处于被抑制状态，从而达到保存青饲料营养价值的目的。

青贮开始时，在青贮窖内堆集的青饲料，其细胞生命活动并没有完全停止，而是利用青贮窖中残留空气中的氧，进行呼吸作用，也就是有机物质的氧化过程，即氧的分解和二氧化碳的形成过程；随着二氧化碳浓度的增加，好氧微生物的活动和植物的吸收作用受到抑制，从而转入厌氧发酵过程。在这一过程中，厌气性的乳酸菌的繁殖开始活跃，在含有适宜的水分、碳水化合物和缺氧的条件下大量繁殖生长，使单糖和双糖分解成大量的乳酸。乳酸的生成，为乳酸菌自身生长繁殖创造了有利条件，又促使在酸性环境中不能繁殖的其他微生物和腐败菌、酪酸菌等大量死亡。乳酸积累的结果使酸度增强，乳酸菌本身亦受到抑制而停止活动。此时，青贮发酵达到稳定状态，发酵过程即告完成。

（三）青贮方式

青贮的方式有多种，常用的青贮设备有：青贮袋、青贮窖或青贮壕、青贮塔等。应在羊舍附近上风口处修建。目前，广泛推广使用拉伸膜裹包青贮和套袋青贮技术。

1. 拉伸膜裹包青贮

拉伸膜裹包青贮是新技术和新材料发展且完善的青贮新技术，它将传统的牧草青贮发展到机械化、工业化、集约化生产，能最大限度地保存牧草的营养成分，而且工效高，品质稳定可靠，便利运输和长久保存。

（1）技术原理。拉伸膜裹包青贮技术是以特制的打捆机器将青鲜草晒制到一定干燥度时打成 40～100 千克的草捆，放在特制的机器上，用一种专门的无毒的塑料拉伸回缩膜紧紧地裹在草捆上，从而能够防止外界空气和水分进入。草捆裹包后，草料自行发酵产生乳酸以达到抑制草料的腐烂。发酵好的草料适口性好，消化率高。

（2）技术要点。切碎揉搓：饲草刈割后，晾晒 3～5 小时，使其水分含量降至 70%～75%。对于茎秆粗、叶片大的草料，不利于打捆包裹，经切碎揉搓，使茎叶破碎、柔软，打捆更紧实，裹包效果好，饲喂利用率更高。打捆：利用打捆机，将揉搓后的饲草，匀速喂入打捆机，机械自动打捆，当草捆质量在 70 千克左右，标示轴显示完成打捆，停止喂料，开启捆扎制动，麻绳自动捆扎，完成后开启出料阀将草捆抛出。拉伸膜包裹：将草捆送入包裹机，开机后踩紧制动阀，包裹机旋转，将膜贴紧草捆，拉伸膜自动包裹，包膜 2 层后放开制动阀，剪断拉膜，完成裹包（见图 3.6）。

图 3.6　裹包

可根据青贮贮存时间的长短在包膜机上设定好包膜的层数，一般贮存期一年以内可包 2 层，贮存期一年或供出售的包 3 ~ 4 层。

(3)贮存。草捆包膜(见图 3.7)后可放入草料房，置于空地也行。贮存期间，包膜破损会影响厌氧发酵效果，导致草捆霉变

图 3.7　草捆包膜青贮产品

腐烂，因此应时常检查，特别是防止老鼠危害，出现破损后及时用塑胶布封好，以免影响青贮品质。质量好的拉伸膜牢固耐用，在露地存放6个月均无破裂现象。

(4)利用。在贮料经30~40天完成发酵过程后，即可按需要利用。利用前需要检查贮料品质，如果手握松软，颜色青黄或黄褐色，具酸香味，表明青贮品质较好。一般裹包青贮能达到较好的品质保证，保质期在一年以上。如果出现腐烂发霉、酸臭味的包裹，即为变质，不能利用。

2. 套袋青贮

套袋青贮主要利用压捆套袋青贮机械进行青贮。原理与拉伸膜裹包青贮相同，但与拉伸膜裹包青贮比较，包装成本下降60%~70%，加工方草捆压捆更紧实，草捆堆放、运输更方便。

(1)加工工艺流程。牧草揉搓→草料填仓→动力挤压→方草捆出仓→套袋密封→方草捆堆放贮存。

(2)加工技术要点。揉搓：牧草原料或农作物秸秆通过揉搓机揉搓加工，使茎叶破碎、柔软。打捆成型：利用电动传送带将揉搓好的牧草输送到打捆机料仓内，在草料传送过程中，需要添加青贮菌的可将菌种均匀洒入饲草中。料仓装满后，液压打捆机自动打捆，并自动将成形方草捆送至出料口装袋(见图3.8)。装袋密封：机械自动装袋后，及时用绳索将内袋口扎紧或用打包机封口，确保袋口密封(见图3.9)。堆放贮存：加工好的方草捆可堆放在草料房或空旷地，先期应将袋口朝上单层堆放，经过30天左右待草料完成发酵后，可再将草料捆横向堆放至3~4层。

图 3.8　机械压捆装袋

图 3.9　套袋青贮产品

二、青干草加工调制及利用

青干草是指在未结籽实以前，刈割晒干或用其他方法干制。干草制作的时间越短，养分损失越少。禾本科牧草处于孕穗至抽穗阶段，豆科牧草在现蕾至开花初期，此时产草量和营养成分含

量都较高，而植株含水量下降，容易干燥。豆科牧草晒制时，叶片易脱落，叶片养分含量高，要把脱落的叶片扫起，贮存好，届时与其他草料混合饲喂效果较好。

（一）青干草的基本要求

优质的青干草应含有家畜所必需的营养物质，同时有较高的消化率和较好的适口性。具体要求是：

1. 牧草品质

要求优质干草中禾本科牧草比例较高和有适当的豆科牧草。禾本科牧草含有大量的碳水化合物，是家畜能量的主要来源。豆科牧草含有丰富的蛋白质和矿物质，尤其含钙量很高。此外，禾本科与豆科牧草的消化率也较高。

2. 适时刈割

牧草刈割过早，产量低，水分含量高，不易干燥；刈割过迟，牧草质地老化，不易消化，适口性也差。牧草普遍开花的时期，是调制干草的最佳时期。

3. 叶片营养丰富

叶片所含的蛋白质和矿物质比茎多 1.0 ~ 1.5 倍，含胡萝卜素比茎多 10 ~ 15 倍，而粗纤维含量却比茎少 50% 以上，叶片所含营养物质的消化率比茎高 40% 。因此，干草中叶量应多，并且要求有较多的花序和嫩枝。

4. 颜色和气味

干草每个节基部呈现深绿色部分越长，则干草所含的养分也越高；如呈现淡黄绿色，则含养分较少；如呈白色，则养分更少；如有“白毛”，就说明开始发霉；如发现变黑，说明已经霉烂。干草的芳香气味能刺激家畜采食。

（二）牧草干燥的原则

根据牧草干燥时水分散发的规律和营养物质变化的情况，牧草干燥时必须掌握下列基本原则。

1. 干燥时间

一般新鲜牧草含水量在60%～80%。刚刈割的牧草，还在维持各式各样的生命活动，其中最主要是呼吸作用。由于切断了与外界的联系，所消耗的只能是自身积累的各种物质。只有在牧草水分低于17%时，各种消耗牧草营养的活动才停止。因此，水分降到14%～17%的时间越短，营养物质保留的越多。

2. 牧草含水量

水分含量在14%～17%，有利干草贮藏。干燥末期，牧草各部位的含水量应当力求均匀。

3. 防止雨淋

牧草在干燥凋萎期应当尽量防止被雨、露淋湿，并避免在阳光下长期曝晒。

（三）牧草干燥的方法

牧草干燥的方法很多，大体可分为自然干燥法和人工干燥法两类。

1. 自然干燥法

利用日晒、自然风干来调制干草。可分为地面干燥法、草架干燥法和发酵干燥法三种。应根据不同的气候特点，采用不同的方法。我国目前主要采用的是地面干燥法（见图3.10）。

图 3.10　地面干燥法调制青干草

(1)地面干燥法。适合我国北方夏、秋季雨水较少的地区采用。牧草刈割后,原地平铺或堆成小堆进行晾晒,根据当地气候和青草含水状况,每隔数小时,适当翻动,加速水分蒸发。当水分降至50%以下时,活动再将牧草集成高0.5～1.0米的小堆,任其自然风干,晴好天气可以倒堆翻晒。晒制过程中要尽可能避免雨水淋湿,否则会降低干草的品质。

(2)草架干燥法。在南方地区或夏、秋雨水较多时,宜用草架晒草。草架的搭建可因地制宜,因陋就简。如用木椽或铁丝搭制成独木架、棚架、锥形架、长形架等。刈割后的青草,自上而下放置在干草架上,厚70～80厘米,离地20～30厘米,保持蓬松并有一定的斜度,以利于采光和排水,并保持四周通风良好,草架上端应有防雨设施(如简易的棚顶等)。风干时间为1～3周。

2. 人工干燥法

利用加热、通风方法调制干草的方法。其优点是干燥时间短,养分损失少,可调制出优质的青干草,也可进行大规模工厂化生产。但其设备投资和能耗较高,国外应用较多,而我国目前较少应用。主要有以下三种方法。

(1)常温通风干燥法。在修建的草库内,利用高速风力来干燥牧草。设备简单,可采用一般风机或加热风机,草库的大小可根据干草生产量设计。

(2)低温烘干法。用浅箱式或传送带式干燥机烘干牧草,适合小型农场。干燥温度为50~150℃,时间为几分钟至数小时。

(3)高温快速干燥法。目前国外采用较多的是转鼓气流式干燥机。将牧草切碎(2~3厘米长)后经传送机进入烘干滚筒,经短时(数分钟甚至数秒钟)烘烤,使水分降至10%~12%,再由传输系统送至贮藏室内。这种方法对牧草养分的保护率可达90%~95%,但设备昂贵,只适于工厂化草粉生产。

(四)青干草的堆垛

青干草堆垛的基本要求是:堆垛坚实、均匀,受雨面积尽量缩小,以减少损失。干草堆垛要注意以下几点:

1. 垛址的选择

应地势高而平坦,干燥、排水良好,雨、雪水不能流入垛底;距栏舍不能太远,便于运输和取送;背风或与主风向垂直,便于防火。

2. 垛底的准备

垛底要用木头、树枝、秸秆、老草等垫平,并高出地面40~50厘米。垛底四周的杂草予以清除,以利防火。垛的周围挖排水沟深30~40厘米。

3. 垛的形状大小

草垛有圆形和方形两种。圆形草垛一般直径为4~5米、高

6.0～6.5米；方形草垛一般宽5米、长8～10米、高6.0～6.5米。如果方形草垛宽是4.5米、高6米、长8米，则质量约为10000千克。人工堆垛的干草重以3000～15000千克为宜，机械草垛的干草重可为15000～30000千克。

4. 堆垛的方法

堆垛时，不论圆形垛还是长形垛，垛的中间都要比四周高，要逐层踏实，四周边缘要整齐；含水量高的草应当堆垛在上部，过湿的干草应当挑出来，不能堆垛；草垛收顶应从堆至草垛全高1/2或者1/3处开始，从垛底到开始收顶处应逐渐放宽约1米（每侧加宽0.5米）。一个草垛的堆放工作不能拖延或中断几天，防止雨水淋湿。豆科牧草不能在日落以后和阳光强烈的中午堆垛，日落后豆科干草易吸潮，阳光强烈的中午堆垛叶片易脱落。一般用干燥的杂草或稻草封顶，逐层铺压，垛顶不能有凹陷和裂缝，以免漏雨。草垛的顶脊必须用绳子或泥土封压坚固，以防大风吹刮。

（五）青干草品质评定与贮藏

1. 青干草品质评定

青干草品质按五级进行质量评定。一级：枝叶鲜绿或深绿色，叶及花序损失小于5%，含水量15%～17%，有浓郁的干草香味。二级：枝叶绿色，叶及花序损失小于10%，含水量15%～17%，有香味。三级：叶色发黄，叶及花序损失小于15%，含水量15%～17%，有干草香味。四级：茎叶发黄或发白，叶及花序损失大于15%，含水量15%～17%，香味较淡。五级：发霉、有臭味，不能饲喂。

2. 贮藏

贮藏的干草要指定专人负责经常检查和管理，防止霉烂、火灾和雨、雪带来的损失。注意垛内发酵温度，如果升到 45 ~ 55℃时问题还不大。但如果继续上升，则应及时采取散热措施。否则干草不仅可能被毁坏，还有可能发生自然着火。散热办法可用一根适当粗细和长短的直木棍，先端削尖，在草垛适当部位打几个通风眼，使内部降温。

3. 使用

当年收获的干草和往年节余的干草要分别贮藏和使用，实行分畜、分等、定量补饲。用草时先喂陈草，后喂新草；先取粗草，后取细草。陈草、粗草喂大畜，新草、细草喂小畜、改良畜、良种畜和母畜，嫩草喂幼畜，剩下的粗秆喂大畜。做到合理节约用草，杜绝浪费，提高饲草利用率。

三、粗饲料加工调制及利用

肉羊瘤胃微生物可以消化利用秸秆中的粗纤维，但当秸秆木质化后，粗纤维被木质素包裹，不易被消化利用。因此，在不影响农作物产量和质量的前提下，尽量提早收获，并快速调制，降低秸秆木质化程度。

秸秆经适当的加工调制，可改变原来的体积和理化性质，营养价值和适口性有所提高，是肉羊冬季补饲的主要饲料。加工方法有物理方法、化学方法和生物学方法。

（一）物理调制法

即对秸秆进行切碎、碾青、制粒，以及热喷等处理。这种方法

一般不能改善秸秆的消化率，但可以改善适口性，减少浪费。秸秆粉碎后与精饲料混合使用，可扩大饲料来源。除此以外，有人试图采用蒸煮或辐射处理来改善秸秆的营养价值，也取得某些进展，但还未进入生产应用阶段。

1. 切碎

切碎的目的是为了便于肉羊采食、咀嚼，易于精料混匀，防止羊挑食，从而减少饲料的浪费，可提高其适口性，增加采食量和利用率。同时又是其他处理方法的首道工序，如将秸秆粉碎后与其他饲料混合，压制成颗粒饲料。

秸秆单独饲喂时长度一般为0.8～1.2厘米为宜。添加在精料中的长度宜短不宜长，以免羊只吃精饲料而剩下粗饲料，降低粗饲料利用率。

2. 碾青

将秸秆铺在晒场上，厚度30～40厘米，上铺约30厘米厚的青饲料，最后再铺上约30厘米厚的秸秆，用石碾或镇压器碾压，把青饲料压扁，流出的汁液被上下两层秸秆吸收。这样既缩短青饲料干燥的时间，减少养分的损失，又提高秸秆的营养价值和利用率。

3. 制粒

一种将秸秆、秕壳和干草等粉碎后，根据羊的营养需要，配合适当的精饲料、糖蜜（糊精和甜菜渣）、维生素和矿物质添加剂混合均匀，用制粒机生产出不同大小和形状的颗粒饲料的方法。秸秆和秕壳在颗粒饲料中的适宜含量为30%～50%，这种饲料营养平衡，粉尘减少，颗粒大小适宜，便于咀嚼，适口性好。还可以制成秸秆颗粒和草颗粒饲料，减少粗饲料的体积，便于贮藏和运输。也可将秸秆粉碎后，加入尿素（占全部日粮总氮量的30%）、糖蜜（1份尿素加5～10份糖蜜）、精饲料、维生素和矿物质，压制成颗粒、饼状或块状。这种饲料粗蛋白质含量较高，适口性好，有助于延缓在瘤胃中的释放速度，防止中毒，节约蛋白质饲料，还可降低饲料成本。

4. 热喷

热喷是将初步破碎或不经破碎的秸秆、秕谷等粗饲料装入热喷机中，通入热饱和蒸汽，经过一定时间的高压热处理后，突然降低气压，使经过处理的粗饲料膨胀，形成爆米花状，使其色香味发生变化。经该处理，可提高羊对粗饲料的采食量和有机物质的消化率。

（二）生物学调制法

利用微生物在一定温度、湿度、酸碱度、营养条件下，分解粗饲料中半纤维素、纤维素等成分，来合成菌体蛋白、维生素和转化酶等，将饲料中难以消化吸收的物质转化为易消化吸收的营养物质的过程。

1. 微贮原理

秸秆微贮技术是一种现代生物技术，通过“秸秆发酵活干菌”完成。农作物秸秆中加入高效活性菌种——秸秆发酵活干菌，放入密封容器中，经一定的发酵过程使部分纤维素分解，纤维素长链断裂并转化为乳酸和挥发性脂肪酸，同时，还会产生大量的酶以及其他活性物质，使秸秆变成具有酸、香味的饲料。秸秆微贮的粗纤维消化率可提高20%～40%，采食率显著提高。

采用水泥窖微贮法的窖要求设在地势高、土质硬、向阳干燥、排水容易、地下水位低、离羊舍近、取用方便的地方。根据贮量挖一长方形窖，在窖底和周围铺塑料布（膜）。

塑料袋微贮法需选用厚 0.6 ~ 0.8 毫米的无毒塑料袋，每袋装 20 ~ 40 千克料为宜。压实后扎紧袋口。

2. 制作过程

（1）菌种复活。秸秆发酵活干菌每袋 3 克，可处理稻草、麦秸、玉米秸 1000 千克或青饲料 2000 千克。先将 1 袋菌种倒入 200 毫升清洁、没有漂白粉的水中，充分溶解。最好先在水中加入白糖 20 克，以提高菌种复活率。然后在常温下静置 1 ~ 2 小时使菌种复活。复活好的菌种一定要当天用完，不可隔夜。

（2）菌液的配制。将复活好的菌种倒入充分溶解的 1% 食盐溶液中拌匀（用量见表 3.1）。

表 3.1　菌液配制用量表

种类	质量（千克）	活干菌用量（克）	食盐用量（千克）	水用量（升）	微贮料含水量（%）
稻、麦秸秆	1000	3.0	12	1200	60 ~ 65
黄玉米秸秆	1000	3.0	8	800	60 ~ 65
青玉米秸秆	1000	1.5	—	适量	60 ~ 65

（3）装填。将秸秆切成 3 ~ 5 厘米长，便于压实，排除空气，并提高微贮窖池的利用率。在窖四周铺塑料膜，窖底部铺 20 ~ 30 厘米厚的秸秆，均匀喷洒菌液水，压实后再铺 20 ~ 30 厘米厚的秸秆，直到高出窖池口 40 ~ 50 厘米。装填中随时检查秸秆含水量，层与层之间不要出现夹层。检查方法是取秸秆用力握攥，

指缝间有水但不滴下(水分为60% ~70%)时最为理想。

(4)密封。装填后,在最上面一层均匀撒上食盐250克/米^2,盖上塑料薄膜,在上面撒20~30厘米厚的稻(麦)秸,盖土15~20厘米密封。如果当天装不完,可盖上塑料膜待第二天再装。

(5)利用。微贮发酵温度10~40℃,在封窖后20~30天即可完成发酵过程。优质微贮稻(麦)秸呈金黄色,青玉米呈橄榄绿色,具有醇香、果香气味。若有腐臭、发霉味则不能饲喂。取料时要从一角开始,从上至下逐渐取用。每次用量应在当天喂完。取料后一定要将窖口封严,以免雨水进入引起变质。饲喂肉羊应逐渐过渡,喂量每日每只1.5~2.5千克。

3. 注意事项

(1)牧草(秸秆)水分应控制在60% ~70%,若水分偏高,可将牧草(秸秆)摊开晾晒,直到水分达到要求时,才能将牧草(秸秆)开始揉搓,以确保微贮饲草质量。

(2)包装或堆垛时,地面应保持光滑平整,不平整时应垫上麻袋或彩条布等,以免擦伤包装。

(3)密封包装后,应检查包装是否有破损。若有,立即用胶带修补严实,以保持良好的密封厌氧环境。

(4)贮存时,若没有室内堆放条件,要露天堆放的话后,就必须采取遮阳措施,加盖篷布等,防止包装被阳光照射氧化。

(三)花生秸加工利用技术

花生为豆科作物,其秸秆营养物质含量丰富。据有关资料显示,花生秸中含有12.9%粗蛋白质(是豌豆秧的1.6倍、稻草的6.0倍),2.0%粗脂肪,46.8%碳水化合物,1.7%钙和0.7%磷。

我国花生种植面积很大，每年花生秸的产量为 2700 万 ~ 3000 万吨，这是一个巨大的粗饲料资源。目前作为饲料利用率很低，大多数被浪费甚至焚烧，污染了环境。

花生秸秆（见图 3.11）作为饲料存在以下问题：花生秸干制时，不易被消化，易使动物发生前胃弛缓或形成瘤胃积食等前胃疾患，从而影响动物的生长发育和生产性能提高，严重者可引起死亡。因此，解决这个问题需从收获、加工及饲用配套技术上加以改善。花生秸水分低、水溶性糖含量低、缓冲能值高，直接青贮难以成功，需通过混合青贮和微贮等技术来改善青贮品质。经过有关人士两年的实践摸索，现已形成了花生秸混合青贮和微贮技术。

图 3.11　加工好的成品花生秸

1. 技术要点

（1）花生秸适时收获

不影响花生经济产量的花生秸适宜收获时间、刈割高度：花生秸比正常时间提前 10 天左右收割，刈割高度 3 ~ 5 厘米，花生产量不受影响，花生秸的粗蛋白质含量可提高 15.4%，粗脂肪含量提高 120%，可极大地提高其饲料价值。

(2) 花生秸添加剂混合青贮技术

花生秸添加剂混合青贮技术是添加绿汁发酵液的花生秸 + 红薯藤（适于中国南方地区）、花生秸 + 玉米秸混合青贮（适于中国北方农区）技术。

绿汁发酵液制作：收割的红薯藤或玉米秸，立即切碎或打浆，用 5 倍的冷开水浸泡半小时后，两层粗纱布过滤，在滤液中添加 2% 的红糖或蔗糖以及 1% 食盐，放到干净容器中（如洗净的玻璃瓶、塑料壶），密封后置暗处保存，发酵一定时间（30℃ 时 2 天，20℃ 时 3 天）后就可以使用了。制好的绿汁发酵液每毫升约有 1.7×10^8 个菌落形成单位。

添加绿汁发酵液的混合青贮：花生秸水分、碳水化合物含量均较少，而甘薯藤（玉米秸）水分、碳水化合物含量均较高，因此将两者混贮最为理想，可以弥补双方的不足。

具体做法如下：在收花生前 2 ~ 3 天，割下地上部分进行青贮。若利用已收获的花生秸，必须尽快用铡刀切去根部再用。不必晾晒，以免茎叶过分干燥，水分缺失。新鲜花生秸与甘薯藤（或玉米秸）切短或铡短成 3 ~ 5 厘米长，以 1∶4 的比例混合，并搅拌均匀。每吨青贮料添加 2.5 升绿汁发酵液，均匀喷洒在原料上。调节水分在 65% ~ 75%（用手用力攥紧原料，手上可见水渍而没有水滴下）。

处理好的青贮料装填入青贮容器内（青贮窖、青贮缸、青贮池、青贮袋），按常规青贮技术密封青贮。两个月后就可以用了。制好的混合青贮料色泽青绿或黄绿，有强烈的酸香味。

(3)花生秸微贮技术

添加纤维素酶和微贮活干菌剂的花生秸微贮技术(见图3.12a、图3.12b),要求将新鲜花生秸根部铡去,并将秸切成为3~5厘米长,测含水量达到24.8%,待用。

图3.12a 花生秸微贮

图3.12b 花生秸微贮

将纤维素酶或微贮菌剂(市场有售)按说明书复活后倒入配好的0.8%的盐水中,拌匀备用。每吨花生秸需加0.8% 的食盐水1000千克,使微贮料含水量达65%。窖底铺放铡短的花生秸约30厘米厚,用脚踩紧,均匀喷洒复合菌液(用量参照说明书),再抛撒一层玉米粉以增效,用量约为每吨花生秸2千克玉米粉。再铺30厘米铡短的花生秸,压紧、喷菌液、撒玉米粉。如此操作,直到高出窖口30厘米左右,再压紧,喷菌液,撒玉米粉。最后按每平方米250克的量均匀撒上食盐,盖上废旧轮胎、木板等重物压住,塑料膜边缘部分用土或其他东西压紧使其不跑风漏气。40天以后就可开窖利用。制好的微贮花生秸呈黄绿色,具有微酸和醇香味,手感松软、湿润。

花生秸饲喂技术。以不影响动物生产力水平及畜产品品质的花生秸的适宜添加比例进行饲喂(见图3.13)。

图 3.13　花生秸微贮后饲喂

青贮或微贮好的花生秸可以开窖取用。开窖后,为防止贮料发霉变质,要从窖的一端开始开窖取料,并注意掌握好每天用量,喂多少取多少。当天取的当天喂完。每次取用后要及时将塑料膜盖严。

(四)糟渣贮藏加工利用技术

江西糟渣资源丰富、种类多、数量大,可以利用来养羊的主要有豆渣、红薯渣、酒糟,通过适当的加工处理,是一种很好的宝贵再生资源。糟渣大多是提取了原料中的碳水化合物后剩余的多水分残渣物质,主要包括酒糟、酱油糟、醋糟、淀粉工业下脚料、糖蜜、甜菜渣、甘蔗渣、淀粉渣、菌渣、啤酒酵母等。其中菌渣、啤酒酵母等可作为蛋白质饲料,酒糟、甜菜渣、淀粉渣等可作为能量饲料,纤维含量高的甜菜粕、甘蔗渣等可作为反刍动物的饲料,糖蜜可发酵生产赖氨酸,淀粉渣还可以用来生产单细胞蛋白。但糟渣

含有较高的水分和无氮浸出物，容易腐败变质，不易运输保存，若不及时处理，一旦发霉变质后不但不能利用还会导致环境污染。因此，利用糟渣类饲料的贮藏技术以便充分发挥我国糟渣资源优势是养殖业的重要手段。

1. 糟渣类饲料不同贮藏方法

(1)单独贮藏

选用新鲜的糟渣饲料，夏季选用生产出不超过1天的糟渣，冬季不超过3天的糟渣。运输途中防淋雨，凡被污染的、发臭变质的糟渣均不可用。贮存前对混入的土石块、塑料薄膜等杂物进行清理。该技术关键控制点：选用新鲜糟渣，贮藏中压实，严格密封厌氧(见图3.14)。

图3.14 袋装微贮糟渣

(2)混合贮藏

①白酒糟与干稻草混贮：干稻草含水量低，混贮易控制酒糟含水量高的缺点，甚至可做低水分贮藏，其关键是混贮比例要掌握好，酒糟与稻草的比例一般为(8～10)∶1；其次是稻草要铡短，长度在1～2厘米，否则不易压实排出空气。混贮酒糟的实测容重依稻草混贮的比例不同为230～350克/升，养羊场可根据肉羊

养殖量计划贮藏量。

②木薯渣与玉米秸秆混贮：由于木薯渣含水量高，可与收获玉米棒后的玉米秸秆混合贮存。将玉米秸秆切为 2 ~ 3 厘米长，揉切的玉米秸秆更好，每 10 ~ 20 厘米厚的玉米秸秆上铺一层木薯渣，木薯渣加入量可根据玉米秸秆的含水量添加，推荐比例是木薯渣与玉米秸秆为 2∶1。

③木薯渣与干甘蔗梢混合贮存：方法与玉米秸秆混贮相同，木薯渣与干甘蔗梢混贮的比例是 2∶1。

④柑橘渣与玉米芯混贮：柑橘渣与玉米芯混合贮存可实现营养成分的互补。玉米芯粉碎后与柑橘渣按 2∶3 的比例混合，将混贮料抓一把紧握在手里，有水珠流到指缝但不滴落下来，将手松开混贮料会松散开来，这样水分就合适了。再额外加入玉米芯与柑橘渣总重量 7% 的玉米粉、0. 3% 的尿素、0. 0015% 的乳酸菌，均匀混合。

(3)特种贮藏

可在糟渣中添加尿素、氯化铵、乳酸菌等符合法规的贮藏添加剂。以酒糟中添加氯化铵为例，特种贮藏：添加氯化铵可以提高酒糟的氮含量，并具有杀菌、抑菌作用，有助于防止开窖后酒糟二次发酵腐败。在酒糟中添加氯化铵饱和溶液(常温下可按 100 克水配 40 克氯化铵)贮藏，氯化铵添加量为 0. 3% 。为了让氯化铵与酒糟混合均匀和控制水分含量，贮藏中应根据窖藏酒糟量确定氯化铵的添加量，并需将其溶于水后，在装填酒糟过程中用喷雾器喷入。

2. 糟渣类饲料贮藏技术

（1）场地选择

在养殖场的辅助生产区选择地势高燥、便于运糟车出入的地方，根据场地条件和地下水位的高低，修建地下池或地上池。平坝贮藏选择在靠近饲养舍的饲料贮料处，排水好、地势高且平坦的地方。

（2）贮存窖池的容积与修建

根据所养殖的数量、饲喂期长短、贮藏过程中的损失以及饲喂量，修建贮存窖池。如养羊场，一般按育肥羊每头每天 10 千克的湿糟来确定所需贮藏的糟渣数量，再根据糟渣的容重（如酒糟中由于约有 40% 的稻壳，因此实际测得容重为 680 克/升）设计窖池容积大小。窖池修建要求四壁平整光滑，能够密封，防止渗水和漏气，且有利于糟渣的装填压实。窖底部设计坡度一般 2°左右，窖池中部相对低于两边，可设排水沟和出水孔，糟渣窖池取料开口处需根据每天用糟量而定，开口不要太大。该技术也可采用平坝贮藏，贮藏时在地上铺两层厚实的聚乙烯塑料膜。

（3）窖藏前的准备

用前先将窖池消毒并打扫干净，保证四壁无裂缝后备用。

①装窖。将糟渣逐层铺平，用人力或机械将糟渣压实压紧，特别注意要把窖的四周和边角压实压紧，直至将窖池装满或者将车里的糟渣装完为止。接着用泥土将塑料膜四周压紧密封，保持密闭厌氧环境。

②管理。定期检查塑料膜有无破损，防止空气渗入破坏厌氧环境。

③取用。根据当地气温，糟渣密封贮藏 30～45 天后即可取用，取用时根据日用量决定塑料膜开口大小。注意在取用时不要用铁铲，避免将地上的塑料膜戳破。尽量缩短取用时间，每次取用之后迅速密封。

④品质鉴定。优质的糟渣贮藏料与鲜糟色泽相近，有芳香酸味，不发绀，动物喜欢采食。

⑤饲喂。饲喂量由少到多，严格控制用量，不能饲喂霉变等变质糟渣。注意补充钙、微量元素和维生素，或搭配青绿饲料和干草。根据喂料比例在精料中添加 0.5%～1.5% 小苏打，有条件的可增加 0.2% 左右的氧化镁。

第四章

肉羊高效饲养管理技术

第一节　肉羊高床舍饲养殖技术

一、概述

肉羊传统养殖方式多以山区放牧饲养为主，饲养管理粗放、放牧所需山地面积大、养殖规模小、配套技术难应用、规模养殖效益低，与日益增加的羊肉市场需求不相适应，在一定程度上制约了肉羊产业的规模化、集约化、机械化的发展。随着养羊业的发展，传统的养殖方式逐渐被规模化高床舍饲养殖方式所替代。规模化舍饲养殖有利于提高农副产品资源的循环利用和改善生态环境，有利于满足不同阶段羊只营养需要、提高羔羊育成率和生长速度，有利于提高疫病综合防控和确保畜产品质量安全，有利于推行规模化、标准化和机械化生产，进一步提高肉羊养殖规模效益和劳动生产效率，增加养殖效益。规模化舍饲养殖将成为养羊业由粗放型向高效集约型经营方式转变的必然发展趋势。

高床舍饲养羊就是根据羊只生长发育和繁殖的需要，合理搭配日粮精粗比例，实现营养均衡供给要求，提高草料转化率，其日常饲养管理均在高床羊舍内进行，是一种体现高效率、高效益的新型养羊生产方式。

二、技术要点

肉羊高床舍饲养殖技术主要包括高床栏舍建造、适宜品种选择、饲草饲料配制、日常饲养管理和疫病防治等技术。

（一）高床栏舍建造

高床栏舍（见图4.1a、图4.1b）建造各地要结合当地环境气候、地形地势、羊的生物学特性和行为特点等，以及饲草饲料资源、规模化养羊生产工艺等，建造适合饲养、防疫和废弃物无害化处理等机械设施设备的高床栏舍，便于生产管理、提高生产效率和产生良好的效益。

图4.1a　高床栏舍

图4.1b　高床栏舍

（二）适宜品种选择

利用杂交优势，推广杂交商品肉羊生产，适宜江西省以及南方地区的主要肉羊品种有湖羊或杜泊羊公羊与湖羊母羊杂交羊、波尔山羊及杂种羊、地方品种羊及杂种羊、努比山羊的杂种羊等。

（三）饲草饲料配制

肉羊日粮要求价格低廉、品种多样、营养均衡全面，能满足不同生产用途、不同阶段羊只营养需要，主要包括精饲料和粗饲料，其中粗饲料要充分利用地缘性饲料，如优质秸秆类（见图4.2）、糟渣类（见图4.3）等饲料，结合种植适宜的高产优质饲草（见图4.4）。另外，补充一定量的精饲料，是保障肉羊高效舍饲的物质基础。

图 4.2　秸秆类饲料

图 4.3　糟渣类饲料

图 4.4　人工种植牧草

（四）饲养管理

1. 种公羊

种公羊（见图 4.5）要保持中等膘情的体况，个体高大，雄性特征明显，性欲旺盛。日粮要求营养均衡全面，喂无毒、无霉变饲料。非配种期间日粮营养能满足其维持需要即可，配种前 1.5 个月增加营养水平，日粮中精饲料约占 60% 以上，优质青干草或秸秆以及胡萝卜等占日粮的 40%。管理上要适当运动，公、母羊分开饲养，公羊小群或单栏饲养，配种方式采取公羊试情，人工辅助配种或鲜精高倍稀释人工授精。

图 4.5　种公羊

2. 繁殖母羊

繁殖母羊一年中要经历空怀期、妊娠期和哺乳期 3 个阶段。各个阶段饲养管理技术高低都会直接影响养羊生产效益。因此，繁殖母羊的饲养必须根据其不同生理阶段特点有针对性的实施不同饲养管理技术措施。繁殖母羊分阶段饲养的优点：一是可以充分利用饲养设施设备，便于安排生产。二是根据不同饲养阶段

调整羊只日粮比例与饲喂量，既减少了饲草料的浪费，同时又满足了各类羊只、各阶段羊只的营养需要，保证了羊只健康、生长发育和繁殖等生产，提高了饲料的利用效率和养殖效益。

（1）空怀期。空怀期母羊（见图4.6）的饲养管理比较粗放，其日粮供给通常只要略高于维持需要的饲养水平即可，日粮以青粗饲料为主。后备青年母羊在发情配种前仍处于生长发育的阶段，需要供给较多的营养，泌乳力高或带双羔及以上的母羊，在哺乳期内的营养消耗大、掉膘快、体况差，需补饲适量的精饲料和优质青干草，以尽快恢复母羊的膘情。一般断奶5～7天后的空怀母羊要适当提高日粮营养水平，实行10～15天短期优饲，这样可使母羊尽快恢复膘情和体况，促进母羊提早发情、集中发情，提高排卵数和受胎率，便于生产管理。

图4.6　空怀母羊

（2）妊娠期。妊娠期大约5个月，可分为妊娠前期（3个月）（见图4.7）和妊娠后期（2个月）（见图4.8）两个阶段。

妊娠前期，是胎儿生长发育最强烈的时期。胎儿各器官、组织的分化和形成大多在这一时期内完成；但胎儿增重很慢，其增重只占初生重的10%左右，营养的需要量较少，主要确保胎儿组织器官的正常生长发育。日粮以粗饲料为主，若粗饲料品质较差，可补饲少量的精饲料，日补饲精饲料占体重的0.4%～0.5%，青饲料丰富充足、羊只膘情中等及以上的母羊可不补精饲料。

图4.7　妊娠前期母羊

妊娠后期，胎儿增重迅速，营养需要量急剧增加，这一时期胎儿增重约占初生重的90%。一般妊娠后期母羊的能量供给量应比平时提高26%～33%，蛋白质的需要量应在维持需要的基础上增加80%。妊娠时如果矿物质不足，胎儿骨骼就会发育不良，羔羊易患佝偻病；母羊为满足胎儿的需要，会因动用自己骨骼中的钙、磷等，导致其骨骼疏松，甚至瘫痪。母羊对矿物质的需要量，妊娠前期约为维持营养需要的110%，妊娠后期则为200%以上。维生素的需要量约为平时的两倍多。妊娠最后两个月，粗饲料自由采食，日补饲精饲料占体重的0.8%～1.2%；母羊体膘

丰满、乳房发育充分的可不补充精饲料。管理上要以小群饲养，每群 12 ~ 16 只，饲养密度为 2.0 ~ 2.5 米^2/只；母羊产前 3 ~ 5 天转入产房（栏）待产，酌减精饲料量，注意观察母羊精神状态，产栏要保持清洁干燥并消毒，冬季要注意防寒保暖。

图 4.8　妊娠后期母羊

（3）哺乳期

母羊产羔后 1 ~ 2 天，只喂优质青干草，不补精饲料、多汁饲料及青贮料，母羊膘情较差的可少量补饲精饲料并逐渐增加采食量。母羊（见图 4.9）产羔后 4 ~ 6 周内泌乳量达到高峰，10 周后逐渐下降。哺乳前期的母羊精饲料干物质饲喂量占体重1.0% ~ 1.2%，粗饲料自由采食。哺乳后期的母羊日粮应以粗饲料为主，逐渐减少精饲料的补充，羔羊单独组群补饲。母羊分娩后 7 天内单栏饲养，饲养密度 4 ~ 6 米^2/只；产后 7 天以后与其他同期产羔的母羊小群饲养，12～15只母羊组成一群，饲养密度1.5米²/只，并设羔羊单独补料栏。羊舍保持干燥清洁，寒冷季节要有防寒保温设施。饮水充足。

图4.9　哺乳母羊

3. 羔羊

羔羊出生0～4周龄主要依靠母乳（见图4.10）来满足其营养需要。羔羊大约在20日龄出现反刍，对草料的消化能力明显增加。母羊初乳浓度大，养分含量高，尤其是含有大量的抗体球蛋白和丰富的矿物质元素，可增强羔羊的抗病力，促进胎粪排泄。羔羊出生后，及时清理口鼻中的黏液，断脐消毒，应保证羔羊在产后15～30分钟内吃到和吃足初乳。羔羊出生后7～10天会模仿母羊的行为，采食一定量的草料。此时，应对羔羊实行隔栏补饲（见图4.11），可在母羊栏内建羔羊补料栏，饲料可选用商品羔羊料，补饲刚开始时，每天每只羔羊补饲10克左右并进行诱食训练，随着羔羊饲料采食量的增加，可让其自由采食，少喂勤添，防止添加过多造成污染或翻漏等引起浪费。如有优质青干草，可在

羔羊补料栏内投放在草架上任其自由采食。在羔羊的日常管理上应注意以下几点：

(1)对缺奶或多胎羔羊,应尽早找保姆羊或人工哺乳。采取人工哺乳的应选择羔羊或犊牛专用奶粉,喂奶要定时、定量、定温,并保持清洁卫生,严格消毒。

(2)胎粪很黏稠,容易堵塞肛门,应及时检查清理。羔羊一般出生后4~6小时内即可排出粪便,如24小时后仍不见胎粪排出,则应采取灌肠等措施促其排便。

(3)适当运动,增加羔羊食欲,增强体质,促进生长,减少疾病的发生。

(4)羔羊2月龄左右断奶(见图4.12)。断奶多采用一次断奶法,即将母仔断然分开,不再合群,羔羊单独组群饲养。对留作种用的羔羊要编号,做好初生重、断奶重、父母亲耳号等相关登记。

图4.10　哺乳羔羊

图 4.11　羔羊补料

图 4.12　断奶羔羊

4. 育成羊

育成羊(见图 4.13)一般分为育成前期(4 ~8 月龄)和育成后期(9 ~18 月龄)两个阶段。育成前期日粮应以精饲料为主,占体重 2.2% ~2.4%,补饲少量的优质青干草和多汁饲料,日粮中的粗纤维含量以 15% ~20% 为宜。育成后期日粮以青饲料和农

作物秸秆为主,补饲少量的精饲料或优质青干草。日粮中的粗蛋白质水平应保持在14%～16%。粗劣的作物秸秆在育成羊日粮中要控制在20%～25%。管理上要注意羊舍的清洁卫生,羊床要保持干燥。定期称重,检查其生长状况是否与品种标准相符,及时调整育成羊日粮营养水平,确保育成羊正常的生长发育。育成羊所需栏舍面积0.7～1.0米^2/只。

图4.13　育成羊

5.育肥羊

肉羊舍饲育肥(见图4.14)关键是调配日粮精粗饲料比例,调控日粮营养水平,提高肉羊生长速度,改善羊肉品质。因此,在饲料选择上要选择当地质优价廉的粗饲料,如花生秸、红薯藤、青干草、糟渣饲料,以及少量的多汁饲料,如胡萝卜、甘薯等,尽量不喂青贮饲料。日粮中精饲料占比为60%左右,精饲料中能量饲料添加比例要逐渐提高,占60%左右。精饲料中分别含粗蛋白质约16%、钙0.6%～0.9%、磷0.3%～0.5%。育肥前要求对栏舍、用具等进行清扫消毒,保持栏舍日常清洁干燥。育肥羊按性

别、体重、健康状况分群饲养。应有 10～15 天的过渡期，逐渐变换饲料，做好羊只的驱虫、健胃和免疫等工作，保证充足清洁饮水。精饲料每天饲喂 2 次，粗饲料要少喂勤添，确保饲槽中粗饲料有少量剩余。育肥期为 60～90 天。

图 4.14　育肥羊

（五）疫病防治

高床舍饲养羊由于饲养密度大、活动量少，容易造成羊只的应激，要做好肉羊常见疾病的预防和治疗。定期对用具、栏舍及周边环境进行清扫、消毒，保持场地、栏舍卫生干燥。每年春、秋两季对羊群进行三联四防苗、羊痘苗、传染性胸膜肺炎苗、小反刍兽疫苗、口蹄疫苗和其他规定疫苗的免疫接种。每季度或每半年对全群羊进行体内体外寄生虫病的化学药物的防治。

三、推广应用

近年来，江西省肉羊养殖正逐步改变传统放牧饲养方式，积极探索高床舍饲种草养羊模式，湖羊养殖全部采取高床舍饲技

术,扩大了养殖规模,推动了设施养羊的发展,提高了地缘性饲料利用率。随着普及推广养羊实用技术的应用,提升了养羊生产水平,提高了养羊规模效益,改善了生态环境。规模化山羊养殖多采取高床“放牧 + 舍饲”养殖模式,如育成后期、空怀期和怀孕期的繁殖母羊多采取放牧饲养,其他阶段羊只则采取全舍饲养殖,可获得较好的养殖效益。但也有部分规模养殖场采取全舍饲养殖模式,如江西领军羊业公司采取高床全舍饲养殖山羊的生产方式,羊场占地面积 180 亩,建有栏舍 5000 米^2,采用自动刮粪系统清粪并集中堆积进行无害化处理。存栏各类黑山羊 1800 余只,其中种公羊 40 只。日粮以优质花生藤、精饲料和人工牧草为主,其中种植桂牧象草 200 余亩,采取青饲和青贮方式,其中裹包青贮 600 余吨,种植冬季牧草——黑麦草 100 余亩,基本实现了羊粪还田种草养羊循环利用的生态模式。

第二节　肉羊全混合日粮饲喂技术

一、概述

全混合日粮(TMR)饲喂技术,是根据肉羊不同生理阶段对能量、蛋白质、矿物质和维生素等营养物质的需要,将切短、粉碎等初加工调制的粗饲料和精饲料,以及各种饲料添加剂按照营养需要进行科学配比,并经过饲料搅拌机充分混合成营养相对平衡的全价日粮,直接提供肉羊自由采食的饲喂技术。该技术适合于养殖规模较大、生产水平较高的优良品种肉羊饲养场，饲喂效果良好。

二、技术要点

（一）合理分群

为保证不同生理阶段、不同用途的羊只获得相应的营养物质，防止营养过剩或不足，便于管理，必须分群饲喂。分群管理是使用 TMR 饲喂方式的前提，理论上羊群分的越细越好，但考虑到生产中的可操作性，建议如下：

1. 对于大型的自繁自养肉羊场

应根据生理阶段划分为种公羊及后备公羊群、空怀及妊娠母羊群、妊娠后期及泌乳母羊群、断奶羔羊及育成羊群、育肥羊群等群体。

2. 对于集中育肥羊场

可按照饲养阶段划分为育肥前期、中期和后期等群体。

3. 对于小型肉羊场

可减少分群数量，直接分为公羊群、母羊群、育成羊群等。饲养效果的调整可通过喂料量来控制。

（二）日粮配制

根据羊场实际情况，考虑肉羊所处生理阶段、年龄胎次、体况体型和饲料资源等因素合理设计饲料配方。同时，结合各类羊群体的大小，尽可能设计出多种 TMR 日粮配方，并且根据实际情况，每月调整 1 次。

TMR 供参考配方如下：

1. 种公羊及后备公羊

精料 26.5%,苜蓿干草或青干草 53.1%,胡萝卜 19.9%,食盐 0.5%。其中:精料配方为玉米 60%、麸皮 12%、豆饼 20%、鱼粉 5%、碳酸氢钙 2%、食盐 0.5%、添加剂 0.5%。

2. 空怀期及妊娠前期母羊

花生秸 60%,牧草 20%,青贮玉米或青贮黑麦草 15%,精料 5%。其中:精料配方为玉米 66%,麸皮 10%,豆饼 12%,棉籽粕 8%,碳酸氢钙 2%,食盐 1%,添加剂 1%。

3. 妊娠后期及哺乳期母羊

花生秸 30%,牧草 25%,青贮玉米或青贮黑麦草 30%,精料 15%。产羔后 3 ~ 5 天精料提高至 30% 左右,可降低粗饲料的比例。其中:精料配方为玉米 58%,麸皮 14%,豆饼 16%,棉籽粕 8%,碳酸氢钙 2%,食盐 1%,添加剂 1%。

4. 断奶羊及育成羊

苜蓿干草或青干草 40%,青草 20%,精饲料 40%。其中:精料配方为玉米 80%,油饼类 16%,碳酸氢钙 2%,食盐 1%,添加剂 1%。

5. 育肥羊群

花生秸 30%,青贮玉米或青贮黑麦草 30%,精料 40%。其中:精料配方为玉米 58%,麸皮 12%,豆饼 10%,棉籽粕 16%,碳酸氢钙 2%,食盐 1%,添加剂 1%。

(三)搅拌机选择

TMR 搅拌机容积的选择:一是根据羊场的建筑结构、喂料通道的跨度、栏舍入口大小等来确定合适的 TMR 搅拌机容量;二是根据羊的存栏量、干物质采食量、日粮种类、每天饲喂次数等选择TMR搅拌机大小。通常情况下，容积为5~7米^{3}的搅拌机可供500~3000只饲养规模的羊场使用。

TMR搅拌机一般分为立式（见图4.15）和卧式（见图4.16）等机型。

图4.15　立式搅拌机

图4.16　卧式搅拌机

（四）日粮调制

根据日粮配方准确称取干草、青贮饲料、青绿多汁饲料、作物

秸秆、糟渣饲料和精饲料等所需的饲料原料后进行加工调制。

1. 原料预处理

裹包青贮、打捆干草等应提前打开，长草应切短，去除发霉腐败变质的饲草，洗净块根、块茎类饲料上的泥沙等污物。

2. 添加原料

添加饲料原料时应按照“先干后湿，先长后短，先轻后重”的顺序先后投入到专用饲料加工设备中。卧式搅拌车的原料添加具体顺序是：精饲料、干草、辅助饲料、青贮、湿糟渣类等；立式搅拌车的原料添加顺序是：干草、青贮、湿糟渣类、精饲料、辅助饲料。通常装物量占总容积的60% ~75%。

3. 混合搅拌

搅拌时间、搅拌机性能与 TMR 的均匀性和饲料颗粒长度直接有关，加工时采用边投料边搅拌的方式，在最后一批原料加入后继续搅拌 5 ~8 分钟，日粮总混合搅拌时间一般在 20 ~30 分钟(见图 4.17)。

图 4.17　搅拌后的日粮

4. 日粮含水率

日粮含水分要求在45%～55%。当原料水分偏低时，需要额外加水。若水份小于35%，饲料颗粒易分离，会造成羊挑食；当水分大于55%时，则低于物质采食量（TMR水分每高出1%，干物质采食量下降幅度为体重的0.02%），并有可能导致日粮消化率下降。

（五）日粮投喂

1. 投料方法

牵引或自动式TMR饲喂设备采用机械自动投喂。固定式TMR混合机械需要将加工调制好的日粮采取人工或机械投喂，但尽量减少转运次数。

2. 投料速度

使用全混日粮车（见图4.18）投料，车速要控制在20千米/时，投料要匀速，保证饲料投放均匀。

图4.18　日粮装入撒料车

3. 投料次数

要保证饲料的新鲜，一般采用每天投料 2 次，分早、晚按照日喂量各 50% 或按 60% 、40% 的比例投喂。夏季高温或潮湿的天气，每天投料 3 次。增加饲喂次数有利于增加干物质采食量，提高饲料利用率。

4. 投料数量

每次投料前饲槽内应有 3% ~5% 的剩料量，以达到最佳的干物质采食量。防止剩料过多或缺料，没有剩料可能意味着有些羊采食不足，剩料过多则造成饲料浪费。

5. 投料观察

日粮投放到饲槽后要随时观察羊群的采食情况，采食前后的日粮在料槽中的状态应基本一致，即要保证料脚用颗粒分离筛的检测结果与采食前的检测结果差值不超过 10% 。反之，则说明肉羊在挑食，严重时料槽中出现“挖洞”现象，即肉羊挑食精料，粗料剩余较多。其原因之一是因饲料中水分过低，造成草料分离。另外，TMR 制作颗粒度不均匀，干草过长也易造成草料分离。挑食使肉羊摄入的饲料精粗比例失调，会影响瘤胃内环境平衡，造成酸中毒。

6. 物料调整

在调整日粮的供给量时，最好按照日粮配方前日量按比例进行增减，当肉羊的实际采食量增减幅度超过日粮设计给量的 10% 时，就需要调整日粮配方（见图 4. 19）。

图 4.19　日粮投喂

三、推广应用

全混合日粮饲喂(见图 4.20)技术在江西肉羊生产中应用还较少,随着湖羊养殖在江西的快速发展,肉羊规模化养殖也得以迅速扩大。加之当前劳动力资源紧缺和成本的提高,设施化养殖在肉羊生产中逐渐被推广应用,全混合日粮饲喂技术也应运而生。2018 年,江西春晖羊业公司在肉羊生产中推广应用了全混合日粮饲喂技术,利用当地饲草资源,如花生秸、野生青草、酒糟、青贮象草或青贮黑麦草、精饲料和辅助饲料等饲料原料按配方比例依次加入固定立式搅拌机,加入适量的水搅拌混合均匀,用装载机装入撒料车后投喂。混合物料含水量 40% ~45%。每只羊每日饲喂混合日粮 2.5 千克,早、晚各 1.25 千克。自由饮水。全混合日粮饲喂技术较传统养殖方式每只羊年效益增加 240 元左右,节省粗饲料 40% 左右。

图 4.20　全混合日粮饲喂羊舍

第三节　肉羊放牧补饲技术

一、概述

肉羊放牧补饲技术是指采用放牧结合补饲的生产方式，使羊只在一定季节内或一定的生长发育阶段获得较理想的生长、繁殖和育肥性能，满足其不同的营养需要量，从而达到较好的养殖效益。放牧饲养就是利用当地自然资源条件和羊的自身特性进行放牧饲养，可节省饲料成本获得较好的效益。而补饲则是在放牧的基础上对羊群补饲粗饲料和精饲料。

二、技术要点

(一) 放牧

对于小规模养殖肉山羊品种且当地有丰富的放牧场地，尤其

是灌木林茂盛的低山丘陵或河滩草地，如选择繁殖母羊的空怀期、妊娠期等阶段采取放牧饲养的生产方式，可提高母羊繁殖性能，降低养殖成本，提高养殖效益。羊群放牧时要掌握以下几点：

1. 分区轮牧

分区轮牧就是根据羊场周边不同季节的天然植被生长状况，科学合理安排放牧区域，放牧时按照一定的次序轮回放牧，减少饲草浪费，有利于植被的恢复，使羊只经常能够采食到新鲜细嫩、适口性好、营养价值高的植物，满足羊只生产性能需要。同时，可减少寄生虫病的重复感染。

2. 合理组群

将不同用途、年龄、性别的羊只编入不同放牧群体进行管理。如将公羊、妊娠母羊、育成羊分别组群放牧，而哺乳母羊、哺乳羔羊、断奶羔羊和育肥羊以舍饲为主。平原、湖汊等草场，群体规模可安排每群 100～200 只。在灌木密布的山区，放牧群体规模要小一些，每群在 50～200 只较为适宜(见图 4.21)。

图 4.21　分群放牧

3. 季节放牧

应根据不同地区选择适宜放牧场地，平原地区应根据“春

洼、夏岗、秋平、冬暖”的原则选择，山区根据“春放背、夏放岗、秋放茬、冬补饲”的原则选择。

（1）春季天气渐暖，枯草开始返青，羊只放牧喜欢“跑青”，因此，一般采用慢放，前挡后让，防止奔跑，消耗体力，影响抓膘。为防止因“吃青”引起腹泻，放牧时可先在枯草处放牧或在羊栏内补饲少量干草或秸秆等饲料，等羊吃上一定量后再赶入青草地，待羊只习惯采食青草后，即可充分放牧青草。

（2）夏季气候炎热，牧草生长繁茂，水分含量高，特别是南方地区高温、高湿的环境气候条件下，草场媒介昆虫滋生。因此，要选择地势较高、凉爽的山岗地放牧，注意防暑，减少蚊蝇叮咬。上午不出牧，中午充分休息，待下午天气转凉时再放牧，尽量不放露水草、雨水草，防止发生瘤胃膨胀等疾病。

（3）秋季天高气爽，雨水少，牧草已结籽，二茬草再生。此时植物水分含量少、营养价值高，羊只食欲旺盛，是集中精力抓好秋膘，促进母羊发情，搞好配种的关键时期。因此，应坚持早出晚归延长放牧时间，中午不休息（见图 4.22）。

图 4.22　秋季放牧

(4)冬季气候逐渐转冷,牧草枯黄,草质变差,营养下降。冬季放牧要晚出早归,注意预防吃露水草或霜打草,以免引起母羊流产和患消化系统疾病。收牧后要根据羊只采食状况适当补饲粗、精饲料(见图4.23)。

图4.23 冬季放牧

(二)补饲

肉羊的饲料主要是秸秆、各类副产品、天然牧草和人工牧草以及精饲料。放牧补饲既能充分利用各类天然植物,又能利用地缘性副产品资源。对妊娠后期母羊,如放牧草场产量低、草质较差,仅靠放牧难以满足其营养需要的,需额外补充一些草料以提高其繁殖性能和羔羊育成率。哺乳期羔羊可在母羊活动栏内设置羔羊独立的补饲栏补料,羔羊10~15日龄开始补料,至2月龄左右断奶时自由采食商品羔羊料,可提高羔羊成活率和断奶体重,同时促进母羊提早发情配种。断奶后公、母羔羊要根据体重、性别合理分群进行舍饲饲养。育成前期及育肥羊以舍饲饲养为主。补饲(见图2.24)的精、粗饲料品种应多样化,至少应在3种以上,要保证饲料具有良好的适口性和一定的营养价值,忌喂发霉、变质的饲料。要充分利用当地的农作物秸秆、叶蔓、青贮饲料

及秕壳、糟渣类等副产品，适当种植部分高产优质牧草，同时补饲适量的混合精料。一般日粮中粗饲料占60%～80%，精料占20%～40%。其中精料参考配方：玉米58%～62%，麦麸10%～12%，豆饼16%～18%，棉籽饼或菜籽饼6%～8%，石粉1.5%，磷酸氢钙1%，食盐1.5%。精料按每日1～2次饲喂；粗饲料应少喂勤添，保持羊只有良好的食欲和减少浪费。饲喂次序应是先粗料后精料。自由饮水，饮水要充足、清洁、卫生。

图4.24　羊群补饲

三、推广应用

20世纪90年代后期，江西省靖安县畜牧良种场饲养肉羊品种——小尾寒羊，采取放牧与舍饲两种生产方式，结果表明：母羊空怀和怀孕阶段采取放牧方式，母羊膘情较全舍饲要差，但配种受胎率较全舍饲高18%，羔羊窝重舍饲较放牧生产方式要提高28%；哺乳期均采取全舍饲方式，断奶育成率达95%以上，效果明显。对8月龄肉羊进行两个余月短期育肥，结果表明：在补饲相同精饲料的情况下，只均日补饲精饲料约500克，放牧加补饲育肥效果良好，较全舍饲育肥组平均日增重提高17%，节省粗饲料折干物质40%，效益提高70%。现阶段，江西肉绵羊养殖方式均采取全舍饲高床养殖，充分利用当地的各类副产品，如花生秸、酒糟、豆渣、中药渣等作为肉羊的主要日粮部分，搭配少量精饲料、人工牧草，推广设施化饲养，养殖效益十分显著。而肉山羊多采取“放牧+补饲”的生产方式，这种方式适合山羊活泼好动、采食范围广的生活习性，可充分满足母羊营养均衡供给，从而保障母羊繁殖性能正常发挥，提高母羊繁殖力，为发展肉山羊养殖奠定了基础。

第四节　种公羊高效利用饲养管理技术

一、概述

近年来，我国从国外引进较多的优良肉羊品种，如波尔山羊、努比山羊、杜泊羊等，在杂交改良提高地方品种羊生产性能方面发挥了积极的促进作用。但这些优良品种个体毕竟数量有限，如何最大限度地提高优秀种公羊的利用效率，各地采取了各种行之有效的技术措施，主要包括常温精液高倍或低倍稀释和冷冻精液等人工授精技术的推广应用，结合母羊诱导发情，同期配种、超数排卵、胚胎移植等新技术，提高肉羊良种覆盖面。同时，通过加强种公羊饲养管理，提高了种公羊的利用年限。

二、技术特点

种公羊全年应保持中等以上膘情，要求达到体格健壮、精神活泼、精力充沛的体况。更重要的是种公羊必须具有明显的雄性特征以及良好的配种能力，即有旺盛的性欲、精液量多、精子活力强和密度高。

（一）饲养管理技术

1. 饲养

种公羊每生成1毫升精液，约需可消化粗蛋白质50克。当维生素A不足时，公羊性欲差，精液品质不佳；当维生素E缺乏时，生殖器上皮和精子形成会引起病理性变化。种公羊在配种期消耗营养和体力最大，日粮要求营养丰富全面，容积小且多样化，易消化，适口性好，特别是蛋白质饲料，要求品质好、氨基酸均衡全面等。一般应于配种前1.5个月开始加强营养，提高精饲料采食量，精料补饲量可按配种时期采食量的60%～70%饲喂。日粮粗饲料要以优质青干草为主，补充少量的胡萝卜和青饲料，不喂青贮、发霉变质的各类饲料。配种旺季，随着种公羊配种（或采精）次数的增加，除供给足够的植物性蛋白质、维生素和矿物质（包括钙、磷和锌、硒等常量和微量元素）外，日粮还应增喂一定量的动物性饲料，如鲜鸡蛋等。

2. 管理

要经常注意种公羊的食欲，防止打架角斗和相互爬跨；保持适当运动，促进新陈代谢，增强体质；种公羊与母羊分栏饲养，放牧时要远离母羊群；保持栏舍清洁卫生，周围环境安静。夏季要做好防暑降温和灭蚊蝇工作，饮水充足。公羊在采精或配种前不宜吃得过饱。要从体格大、繁殖力强的公羊后代中选留后备种公羊，经常检查公羊的精液品质，包括 pH 值、精子活力和畸形率等，及时淘汰受胎率低或不育的公羊(见图 4.25)。

图 4.25　种公羊单栏饲养

(二)高效利用技术

1. 母羊常年发情配种技术的应用

发情期的母羊要保持良好的体况和膘情，采用外源性激素处理诱导母羊发情促进卵泡发育与排卵，也可利用母羊产后发情的有利时机，采取米非司酮的被动免疫等措施，促进母羊发情配种。

2. 冷冻精液的制作

在母羊非配种季节，利用种公羊精液制作冷冻精液保存，除可在配种季节使用外，还可保留一部分优良种羊遗传物质。

3. 常温精液高倍稀释人工授精

以生产试验为依据，在母羊繁殖季节，对优秀种公羊精液进行 5 ~ 10 倍的稀释，鲜精输精量不超过 0.1 毫升，有效精子数大

于5000万个。

三、推广应用

2006年至2008年，江西某种羊场先后利用本场所饲养的纯种波尔山羊种公羊5只，种羊采用高床舍饲养殖方式，日粮组成为苜蓿干草约占40%、人工牧草占20%、精饲料占40%。采精制作0.25毫升的细管冷冻精液，每天采精两次，每次0.8～2.0毫升，制作细管冻精30～40剂，每周可采精5天，可制作冻精150～200剂，每年可生产冻精10000剂以上，可配母羊5000只以上。而本交每头种公羊每年只可负担30～50只母羊。如2008年，该种羊场推广羊只冷冻精液人工授精技术，选择萍乡湘东区青山镇某山羊养殖场开展诱导发情同期配种技术，选择赣西山羊哺乳期基础母羊40只，经外观检查均未怀孕，羔羊断奶后，母羊应用黄体酮阴道栓结合氯前列烯醇等药物处理，发情后用冷冻精液开展人工授精。结果显示，冷冻精液受胎率达48%，产羔率达152%，效果明显。

第五章 疫病综合防控技术

羊病的综合防治，必须坚持“预防为主”的方针。随着养羊业规模化、产业化程度的不断提高，羊病综合防治工作日显重要。针对肉羊卫生防疫需要，国家先后制定和出台了《无公害食品 肉羊饲养兽医防疫准则》（NY 5149—2002）和《无公害食品 肉羊饲养兽药使用准则》（NY 5148—2002）等相关标准。

第一节　卫生保健

一、饲养管理

养羊业要逐步做到饲养管理科学化，走标准化养殖新路子。应按羊的品种、年龄、性别差异，分别组群进行管理。饲喂全价饲料和优质干草，满足其营养需要量，增强羊的体质和羊机体的抗病能力。

（一）自繁自养

选择健康种羊，开展自繁自养，减少外引羊只，采取封闭式养殖方式，能有效降低传染病传播，同时能保证种质资源稳定。

（二）严格引进

引进羊只时，要从非疫区引进，查看对方疫苗注射记录，对引进羊只要进行隔离观察 30 天以上，检测抗体水平并注射相关疫苗后才可以合群饲养。不要从疫区购进饲料、牧草等物资。

（三）分群饲养

羊只根据情况要分群饲养，分成羊羔舍、妊娠羊舍、育肥舍、种羊舍等,方便饲养管理及针对性防疫、消毒。夏季加强降温防暑,冬季加强保暖工作。

(四)疫病预警

向当地兽医部门了解当地疫情流行情况,并结合当地及全国历年疫病流行情况,制订本场免疫、消毒计划和疫情警示备案。关注疫情高风险区的情况,及时反馈给相关人员,杜绝疫情流入的漏洞。

(五)防蚊灭鼠工作

蚊蝇和老鼠是传播疾病的重要媒介,在日常饲养管理中要加强灭蚊蝇和老鼠的工作。夏秋季要定期清理场舍内积水洼等容易滋生蚊蝇的地方,每月用0.1% ~0.2%敌百虫或0.2%蝇毒磷溶液等药物,在羊舍内外及蚊蝇滋生地喷洒两次。定期用敌鼠钠盐消灭老鼠,用0.05%毒饵连续投放4 ~5 天,并要严格做好毒饵管理工作。

二、日常保健工作

(一)羔羊保健

羔羊出生后的1 ~3 天内可以口服20%长效土霉素1.0 ~1.5 毫升,断尾时及时注射破伤风抗毒素。在断奶羔羊饮水或饲料中添加抗感冒中药、多维和益生菌制剂。

(二)妊娠母羊保健

产前20 ~30 天注射亚硒酸钠维生素 E,对于过胖或过瘦的高产母羊为了防止产后瘫和低血糖,可以在饲料中添加2% ~3%的葡萄糖粉或蔗糖,也可以静脉注射5%碳酸氢钠溶液250

毫升、50%葡萄糖溶液200毫升。分娩后饲喂益母生化散3～5天。

(三)育肥羊保健

育肥羊保健以健脾开胃为主,每月一次在饲料中添加中药健胃制剂,连用3～5天。

(四)种公羊保健

定期做好剪毛、药浴驱虫、防疫注射、修蹄等工作。非配种期每周要进行1～2次采精训练和精液检测。对性欲不强的公羊可以进行睾丸热敷按摩或进行激素治疗,配种高峰期添加饲喂胡萝卜、鸡蛋等,可以提高精子的活力和密度。每个季度或配种期前要对全群种公羊进行一次布氏杆菌病检测。

(五)应激期保健

羊只在剪毛、修蹄、转群、驱虫、防疫和引种期间,应在饮水、饲料中添加多维和益生菌制剂。

三、卫生消毒

(一)环境卫生

1. 排水设施清理

栏舍建设时就要注意雨水分离,保证废水渠道流动畅通,避免污水滞留,要经常清理排水渠道和沉淀井的淤泥,减少淤塞和病原滋生。如果建有贮水设备,一定要经常检查和清理,避免水体寄生虫滋生和有机质腐烂。

2. 清理内外环境

定期对场舍内、外的杂树、杂草、废弃物等进行清理,积水洼地、小水坑等要及时填平，减少野生动物躲藏、虫蚊滋生。

3. 打扫场舍卫生

对圈舍、活动场地及用具等，要经常保持清洁卫生、干燥；粪便及污物要做到及时清除，并堆积发酵；防止饲草、饲料发霉变质，尽量做到新鲜、清洁；保证充足清洁卫生的饮水；定期清理消毒池内的麻布袋等物品。

4. 消灭蚊鼠

养殖场内因为有饲料，经常会出现蚊蝇、老鼠等，因此应根据情况定期进行灭鼠、除蚊蝇等工作，以减少疾病传播中介。

(二)消毒

消毒能有效消灭栏舍环境中、羊体表面及养殖用具上的病原微生物和虫卵、幼虫等，从而切断传播途径，控制或减少传染病、寄生虫病的发生与流行，保障羊只生物安全。

1. 羊舍消毒

定期对栏舍进行消毒，疫情高峰期要加大消毒频率。消毒前栏舍要彻底清扫干净，然后使用喷雾桶或电动喷雾枪将消毒液对准羊舍的天棚、墙壁、饲槽、地面、饲养器具的表面均匀喷洒，微湿即可。一般情况下，半个月进行一次消毒，疫情期间一周一次消毒。产房可在产前、产后以及产羔高峰时进行多次消毒。每栋羊舍、隔离舍的出入口应设置消毒池，深度15厘米左右，放置浸有消毒液的麻袋片或草垫。常用消毒液有2%～4%的氢氧化钠(火碱)溶液、10%～20%石灰乳、5%～20%漂白粉溶液、5%来苏尔等，应根据疫情流行情况调整消毒用药。

2. 环境消毒

定期对养殖场进行消毒，特别是粪污通道、药浴池等容易污染的地方要加强消毒，一个月消毒一次。病羊停留过的地面，应铲除表土，清除粪便和垃圾，堆积发酵或焚烧（停放过炭疽病羊尸的场所）。小面积的土壤消毒，可用2% ~4%氢氧化钠溶液、10% ~20% 漂白粉溶液或10% ~20%的石灰乳等。

3. 粪污消毒

羊的粪便消毒最实用的方法是生物热消毒。在远离羊舍的地方，将羊粪堆积起来，上面覆盖10厘米厚的泥土，进行发酵，一般2 ~3个月后即可用作肥料。污水的消毒，常用的方法是将污水引入污水处理池内，加入消毒药（漂白粉或生石灰等），一般1升污水加漂白粉2 ~5克即可。

4. 皮革羊毛的消毒

死于炭疽病的羊尸禁止剥皮，应将尸体焚烧或深埋。对患口蹄疫、布氏杆菌病、羊痘、坏死杆菌病等的羊皮均应加以消毒处理。目前广泛使用环氧乙烷气体消毒，消毒时必须在密闭消毒室或密封良好的容器内进行。此方法对细菌（包括炭疽芽孢）、病毒、霉菌均有很好的杀灭作用。

（三）消毒制度

1. 建立消毒制度

严抓进、出口消毒，工作人员及进场参观人员要更换工作服、套鞋并进行紫外线或喷雾消毒，参观人员尽量在栏舍外参观，不要进入到羊舍。对运输车辆进行喷雾消毒，特别是车轮部位，要冲洗干净后再消毒，确保消毒到位。

2. 消毒台账

消毒情况要进行登记，建立消毒台账，记录消毒日期、消毒药品名称及浓度、消毒场所、消毒人员等信息，方便查找。对入库消毒药品同样要建立台账，登记保质期，及时淘汰过期消毒药品。

四、驱虫

在对羊的寄生虫病的防治过程中，要多采取定期（每年2～3次）预防驱虫的方式。驱虫时机，要根据对当地羊寄生虫的季节动态调查而定，一般可在每年的3—4月及12月至翌年1月各安排一次，这样有利于羊的抓膘及安全越冬和度过春乏期。常用驱虫药的种类很多，如有可驱除多种线虫的左旋咪唑，可驱除多种绦虫和吸虫的吡喹酮，能驱除多种体内蠕虫的阿苯哒唑、芬苯哒唑、甲苯咪唑，以及可驱除体内线虫又可杀灭多种体表寄生虫的依维菌素等。实践中应根据本地区羊的寄生虫病的流行情况，选择合适的药物和给药时机及给药途径。其中药浴是驱除羊只体表寄生虫的重要方法之一，因其见效快，操作简便，使其得到了广泛应用。

（一）体内驱虫

1. 驱虫药物的选择

（1）左旋咪唑，片剂，主要驱除胃肠线虫及其幼虫，对肺线虫有特效，口服剂量为每千克羊体重8毫克。

（2）丙硫苯咪唑，片剂，是较好的广谱高效、低毒、低残留驱虫药。它对大多数体内线虫及其幼虫和绦虫、吸虫均有良好的驱除效果，适合广泛推广应用。口服剂量：驱除线虫为每千克羊体重 5 毫克，驱除绦虫为每千克羊体重 10 毫克，驱除吸虫为每千克羊体重 15 ~20 毫克。

(3)阿维菌素，有片剂和针剂，可驱除体内外多种寄生虫，广谱高效安全，使用方便。片剂口服用量为每千克羊体重 5 毫克，针剂一定要皮下注射，剂量为每千克羊体重 0.02 毫升。

2. 驱虫注意事项

(1)注意使用方法。驱虫方法主要为口服或拌料喂给，也有皮下或肌内注射的药物，使用时要阅读说明书，严格按照说明书执行。

(2)掌握用量。要正确估计羊只大小，按体重算好给药量，严格按操作规程给药。用药前应该小范围内做药敏试验，确认安全后才可以大范围使用。

(3)其他相关事宜。体内驱虫后一周内要坚持打扫圈舍，粪便应该堆集发酵，彻底消灭虫卵，杜绝二次感染。

(二)体外驱虫

1. 药浴池建设

(1)药浴池地址选择

药浴池选址应该在养殖场内，靠近羊栏，地势较高，取水、排水方便的地方，尽量背风向阳，以有利于保持药液水温。选择的场址尽量大些，除了药泳池外，还要配套药浴准备栏、沥水栏和急救区等。

(2)药浴池建设。药浴池主要包括准备栏、药泳池和沥水栏三部分。

准备栏。药浴准备栏是暂时圈住准备洗浴羊只的栏圈，根据每批洗浴羊只数量确定围栏面积大小，可设计成方形或圆形等形状。围栏可用石头混凝土打地基，围栏墙体可采用钢管、竹木料、石头或砖块混凝土等各种材料建造，墙体高度一般在1.3米以上，防止羊只跳出。准备栏地面平整即可，与泳池入口连接处应该稍高出5~10厘米。准备栏与泳池衔接处，一般采用围墙离泳池始端50厘米处衔接，呈“V”型衔接，方便药浴时操作。

药泳池。泳池墙体、池底基础全部采用混凝土现浇。地基宽度外径为1.2~1.3米，一般采用毛石混凝土下地基0.4米厚，泳池池底内径宽为0.7米。两边墙体宽度（从下到上）一般为0.35~0.30米，断面呈梯形，下宽上窄，下底宽为0.3米，到上顶平口处为0.25米。上口内径宽为0.6米，外径宽为1.2米。上口打平后，两边加宽，以方便药浴时工作人员行走。泳池墙体高（深）一般为1米，药浴时，药浴液一般保持在0.8米左右。在泳池最低处留排水孔两个，直径在0.15米左右。药浴池总长度为10米，在靠近沥水栏3米处挖成斜坡，斜坡呈25°~30°，方便羊药浴结束时进入沥水栏行走和药水回流。

沥水栏。沥水栏的主要作用是将羊只身上的药水回收药泳池，所以地面应该略有坡度，并开口倾向药泳池。建议要求与准备栏一样。

2. 药浴液配制

常用的药浴液为0.1%~0.2%杀虫脒溶液、0.05%辛硫磷溶液、0.1%氰戊菊酯乳油、0.25%螨净、0.5%~1.0%精制敌百虫、0.03%林丹乳油、0.2%消虫净、0.04%蜱螨灵、0.05%蝇毒灵、0.008%~0.020%速灭菊酯、0.005%~0.008%溴氰菊酯、

0.1%马拉硫磷等。

3. 药浴方法

(1)时间选择

药浴时间通常安排在山羊、绵羊剪毛后8～10天进行,过早毛发过短,沾不上药液,过晚毛发过长,药液接触不到皮肤,达不到消灭寄生虫的目的。应选择晴朗干燥、温度较高、无风的天气进行药浴,方便羊只毛发干燥。尽量选择在上午操作,中午前羊毛能干燥,方便下午观察羊只药浴后的情况。

(2)药浴方法

药浴时安排人员有序将羊只赶入泳池,操作时要注意保持安静,缓慢将羊只赶入泳池,防止羊群出现乱窜、乱跳现象。赶入泳池后,操作人员应该跟着羊只进行观察,控制羊只前行速度,保证浸泡药液时间,同时要防止羊只头部长时间浸入药液中。药浴期间要有意用工具将羊头快速按入浴液两次,让羊的头部也接触药液。出泳池后应该在沥水栏停留15分钟左右,让药液回流至泳池。

4. 注意事项

(1)羊只注意事项。妊娠二个月以上的羊只不能药浴,产后可以皮下注射阿维菌素或口服阿维菌素或伊维菌素进行预防。大羊与小羊应该分开药浴,防止过泳池时挤踏产生危险。3月龄以内的羔羊不能药浴,哺乳母羊药浴完后,应该用温水擦洗乳头,防止羔羊哺乳时中毒。

(2)加强饮水。药浴前应该让羊只充分饮水,防止羊只误喝药浴水。

(3)药浴顺序和时间。先药浴健康羊,后药浴病羊,皮肤有外伤的羊只暂不药浴。药浴持续时间,通常治病性药浴为3~4分钟,预防性药浴为1~2分钟。同时羊舍及工作用具应彻底用消毒剂洗涤,在日光下暴晒。

(4)工作人员安全。药浴期间,工作人员应穿工作服、配戴口罩和橡皮手套,做好安全防护,防止因药浴液腐蚀人手发生中毒现象。

(5)观察羊只。因为药液吸附在羊毛上,残留时间较长。羊只药浴后,应该加强对羊群的观察,特别是夜晚值班人员,尤其要加强观察羊只是否有中毒反应,以便及时发现、及时治疗。

(6)妥善处理药液。药液有毒,药浴完后要妥善处理,防止羊只误食中毒,还要避免污染环境。

第二节　传染病防控

羊从出栏到出售,要经过出入场的检疫、收购检疫、运输检疫和屠宰检疫,涉及外贸时,还要进行进、出口检疫。其中,出入场检疫是所有检疫中最基本、最重要的一环。羊场或专业户引进羊时,只能从非疫区购入,要经当地兽医部门检疫,合格后签发检疫合格证书;运抵目的地后,再经本场或所在地兽医验证、检疫并隔离观察1个月以上,确认为健康后,经过驱虫、消毒,对没有注射过疫苗的羊要补注疫苗后方可混群饲养。

一、重大传染病

（一）口蹄疫

口蹄疫俗称“口疮”“蹄痛”，是偶蹄兽的急性高度接触性传染病。该病毒在不同条件下容易发生变异，而变异后的各型之间抗原性不同，互相不产生交叉免疫。

1. 流行特点

本病在流行中最易感染的是牛，而绵羊、山羊次之，各种偶蹄兽也具有易感性。主要经消化道感染，也可经黏膜和皮肤感染。该病呈现一定的季节性。如多为秋末开始，冬季加剧，春季减轻，夏季平息。

2. 临床症状

在病羊的口腔黏膜和蹄部的皮肤处形成水疱、溃疡和糜烂，有时也见于乳房。在水疱期病羊体温可升高至 40 ~ 41℃，精神沉郁，食欲下降。口腔损害常在唇内侧、齿龈、舌面及颊部黏膜发生水疱、糜烂、疼痛，流出带泡沫的口涎。如单纯在口腔发病，则一般经一周可痊愈。如累及蹄部时，跛行明显，病程可达 2 ~ 3 周，但死亡率不高。幼畜常为恶性口蹄疫，主要表现出血性胃肠炎和心肌炎变化，而不出现水疱，病死率可达 20% ~ 50%。

3. 剖检变化

在口腔、蹄部、乳房等部位出现水疱、烂斑和溃疡。消化道黏膜可见出血性炎症变化，心包膜有散在出血点，心肌切面有灰白色或灰红色斑纹，称“虎斑心”，心肌松软，似煮熟状。

4. 实验室检查

为了尽快了解当地流行的口蹄疫的毒型,可采集病羊的水疱皮或水疱液,迅速送往有关单位,做补体结合试验,鉴定毒型。也可送检病羊恢复期的血清进行乳鼠中和试验,以及其他血清学试验等以鉴定毒型。

5. 防治措施

(1)预防

严格活畜及产品进出口和地区间的检疫制度,当发现疫情时应及时向上级有关部门报告,同时在疫区严格实施封锁、隔离、消毒和做好紧急预防接种工作。

(2)治疗

本病一般不准许治疗,应就地扑杀,进行无害化处理。

(二)羊布氏杆菌病

布氏杆菌病是一种人畜共患的慢性传染病。其特征是生殖器官和胎膜发炎,引起流产、不育和各种组织的局部病症。

1. 流行病学

病原为布氏杆菌,主要存在于病畜的生殖器官、内脏和血液中。该菌对外界的抵抗力很强,在干燥的土壤里可存活 37 天,在冷暗处和胎儿体内可存活 6 个月,高压灭菌 10 ~ 15 分钟才能将其杀死,用 1% 来苏尔、2% 福尔马林、5% 生石灰水消毒 15 分钟也可将其杀死,阳光直射下需 4 个小时以上才能将其杀死。布氏杆菌病的传染源主要是病畜及带菌动物,最危险的是受感染的妊娠母畜,它们在流产和分娩时,将大量病原随胎儿、胎水和胎衣排出。本病主要通过采食被污染的饲料、饮水经消化道感染,经皮肤、黏膜、呼吸道以及交配也能感染，与病羊接触，加工病羊肉等，如不严格消毒，都容易感染本病。本病不分性别、年龄，一年四季均可发生。

2. 症状

本病常无症状，而首先注意到的症状是流产。流产前病畜食欲减退、口渴、委顿，阴道流出黄色黏液；流产多发生于怀孕后的第三、第四个月；流产母羊多数胎衣不下，继发子宫内膜炎，影响受胎。公羊表现睾丸炎、睾丸上缩，行走困难，拱背，饮食减少，逐渐消瘦，失去配种能力，其他症状可能还有支气管炎、关节炎等。当患羊呈现关节炎时，在放牧时突然跛行，严重时不能行走，经 1 ~ 2 天很快好转，患肢经常复发。

3. 剖检变化

可见流产母羊胎衣停滞，胎衣呈黄色胶冻样浸润，胎衣增厚，并有出血点。胎儿真胃中有微黄色或白色黏液及絮状物，胃及黏膜和浆膜上有出血点。腹水、胸水微红，皮下呈出血性浸润。肝、脾、淋巴结有不同程度的肿胀。公羊可发生化脓坏死性睾丸炎和睾丸前期肿大，后期萎缩症状。

4. 预防

本病无特效治疗药物，只有通过加强防疫检疫工作来彻底消灭。对羔羊每年断乳后进行 1 次布氏杆菌病检疫。成年羊两年检疫 1 次或每年预防接种而不检疫。对检出的阳性羊要扑杀处理，不能留养或给予治疗。

（三）羊痘

羊痘是一种急性、热性、接触性皮肤传染病。该病主要寄生

在无毛或少毛的皮肤和黏膜上，以生痘疹为特征。初期为丘疹，后变成水泡、脓包，最后结痂而痊愈。

1. 病原

为羊痘病毒，属绵羊痘，病毒来源于痘疮、浆液及脓包皮内。强烈阳光和一般消毒、高温均可杀死本病毒。

2. 症状

病初羊体温升高到41～42℃，精神沉郁，食欲不振，拱背发抖，眼睛流泪，咳嗽，鼻流黏性分泌物。2～3天后，患羊嘴唇、鼻端、乳房、阴门四周及四肢内侧出现红疹，继而体温下降，红疹肿胀突起成丘疹。数日后丘疹浆液渗出，中心凹陷，形成水泡。再经3～4天化脓成脓包，继而脓包结痂。再经4～6天，痂皮脱落形成红色疤痕。本病多继发肺炎或化脓性乳腺炎，怀孕后期母羊流产。成年羊死亡率达5%～20%，羔羊死亡率达50%～80%。

3. 剖检

除外部有典型特征外，剖检可见前胃、皱胃黏膜上有大小不等的圆形或半圆形的结节。有的黏膜糜烂或形成溃疡，咽部和支气管黏膜也常有痘疹，肺有干酪样结节和卡他性肺炎区，淋巴结肿大。

4. 预防

每年初春对羊群（含1日内的羔羊）进行羊痘疫苗防疫，免疫期为一年。羔羊应在7月龄再注射1次。一旦发现病羊，应立即隔离治疗。

5. 治疗

采取对症治疗。对体温高的羊只，为防止继发性乳腺炎，肌内注射青霉素160～200万国际单位、链霉素100万～200万国际单位,每日 2 次。羔羊酌减。病愈后可产生终生免疫力。

二、免疫程序

接种疫苗是激发动物机体对某种传染病发生特异性抵抗力的过程。在平时常发生某些传染病的地区,或有某些传染病潜在危险的地区,有计划地对健康羊群进行免疫接种,是预防和控制羊传染病的重要措施之一。各地区羊场可能发生的传染病各异,而可以预防这些传染病的疫苗又不尽相同,免疫期长短不一。因此,羊场往往需用多种疫(菌)苗预防不同的传染病,这就要根据各种疫苗的免疫特性和本地区发病情况,合理安排疫苗的种类、免疫次数和间隔的时间。根据不同羊群和当地疫病流行情况,相关免疫程序推荐参考如下(见表 5.1、表 5.2、表 5.3)。

表 5.1　羔羊免疫程序

免疫时间	病种	疫苗名称	免疫方法
7 日龄	羊口疮	羊传染性脓疱皮炎灭活苗	口腔下唇黏膜划痕接种
7 日龄	羊痘	山羊痘弱毒冻干苗	尾根皮内注射
15～20 日龄首免,首免两周后二免	羊梭菌病	羊梭菌三联四防灭活苗	皮下或肌内注射
30 日龄	小反刍兽疫	小反刍兽疫弱毒冻干苗	皮下注射
2～3 月龄首免(断奶后),首免两周后进行二免	羊口蹄疫	口蹄疫 O 型、亚洲 I 型、A 型三价灭活疫苗	肩前颈部肌内注射
3 月龄	羊布氏杆菌病	布氏杆菌活疫苗(S2 菌苗)	皮下注射

表 5.2　后备母羊免疫程序

免疫时间	病种	疫苗名称	免疫方法	免疫保护期
7 日龄	羊口疮	羊传染性脓疱皮炎灭活苗	口腔黏膜内注射	1 年
2 月龄	羊梭菌病	羊梭菌三联四防灭活苗	皮下或肌内注射	6 个月
60 日龄初免，90 日龄加强免疫	口蹄疫	牛 O－亚洲 I 型双价灭活疫苗	肌内注射	6 个月
70 日龄	炭疽	2 号炭疽芽孢苗	皮下注射	山羊 6 个月，绵羊 12 个月
3 月龄	小反刍兽疫	小反刍兽疫弱毒冻干苗	皮下注射	3 年
3 月龄	羊梭菌病	羊梭菌三联四防灭活苗	皮下或肌内注射	6 个月
3～6 月龄	布氏杆菌病	布氏杆菌活疫苗（S2 或 M5 号菌苗）	口服或皮下注射	3 年

表 5.3　种羊免疫程序

免疫时间	病种	疫苗名称	免疫方法
每年 3 月和 9 月两次接种	羊口蹄疫	口蹄疫 O 型、亚洲 I 型、A 型三价灭活疫苗	肩前颈部肌内注射
每年 3 月初和 10 月两次接种	羊梭菌病	羊三联四防灭活苗	皮下或肌内注射
每年 4—5 月接种	炭疽	炭疽无毒芽孢苗或 2 号炭疽芽孢苗	皮下注射
每年 3—4 月接种	羊痘	绵羊痘弱毒冻干苗	尾根皮内注射
每年 3—4 月接种	羊口疮	羊口疮弱毒冻干苗	口腔黏膜内注射

三、疫苗使用的注意事项

(一)疫苗保存

疫苗是生物制品,必须严格按照疫苗说明的保存方法保存,如羊痘疫苗必须在 -15℃以下保存,小反刍兽疫疫苗要在 -20℃以下保存,水剂的三联四防苗、口蹄疫苗和布病疫苗都应在 2 ~ 8℃范围内保存。

(二)疫苗运输

疫苗必须全程冷链运输,要配备必需的冷藏设施。冷冻疫苗取出后最好当天使用,稀释后的疫苗要在 2 ~ 3 小时内用完。用不完的疫苗废弃,不能隔天使用。

(三)妥善处理相关物品

用过的疫苗空瓶、器具,未用完的疫苗等应进行严格的消毒处理,特别是布氏杆菌病疫苗预防的病是人畜共患病,应更加特别注意处理方式和效果。

(四)人员防护

给羊只注射疫苗时,工作人员要做好相关防护,穿工作衣,戴手套,尤其是注射布氏杆菌病疫苗时,要防止人员感染。

第三节 常见病防治

一、羊肠毒血症

羊肠毒血症又称软肾病、羊快疫,是由 D 型产气类膜杆菌在羊肠道大量繁殖，产生强烈的外毒素所引起的传染病。

（一）流行病学

病原体是D型魏氏梭菌，革兰氏染色阳性。主要存在于病羊的十二指肠、回肠内容物和粪便及土壤中。主要由于采食了污染的饲料和饮水，经消化道感染。各种品种、年龄的羊都有易感性，但绵羊发病率比山羊高，12月龄左右和肥胖的羊发病较多。多发于春末和秋季，多呈散发性。雨季、气候骤变和在低凹地区放牧或缺乏运动，突然喂给适口性较好的饲料或偷吃过多的精料，均可导致本病的发生。

（二）症状

本病的发生多为急性，突然死亡。有时没有任何症状，但第二天早晨就发现已死于圈内。如在放牧时发病，病羊不爱吃草，离群呆立，或卧下，或独自奔跑。有时低头作采食状，口含饲草或其他物品，却不咀嚼下咽；胃肠蠕动微弱，咬牙，侧身倒地，四肢抽搐痉挛，左右翻滚，头颈向后弯曲，呼吸促迫，口鼻流出白沫，心跳加快，结膜苍白，四肢及耳尖发凉，呈昏迷状态；有时发出痛苦的呻吟，体温一般不高。多于1～2小时内死亡。

病程较长的，最初精神委顿，短时间内发生急剧下痢。粪便初呈粥状，为黄棕或暗绿色，有恶臭气味，内含灰渣样料粒，以后迅速变稀，掺杂有黏液，继而呈黑褐色稀水，内含长条状灰白色假膜，或混有黑色小血块。每次移动时拉一条粪路，排粪之后往往肛门外翻，露出鲜红色黏膜。羊只有的抖毛、展腰、肠音响亮，有时张口呼吸，大多有疝痛症状，大声哀叫之后死亡。个别羊死亡前为完全昏迷静躺不动，口流清水，角膜反射消失，呼吸逐渐衰弱。此型病程一般 5 ~ 18 小时内死亡,很少超过 24 小时。

(三)剖检变化

真胃常见有残留未消化的饲料,肠道(尤其小肠)黏膜出血,严重者整个肠段呈血红色或有溃疡,肾脏软化如泥样,体腔积液,心脏扩张,心内外膜有出血点,全身淋巴结肿大,切面黑褐色,肺脏大多充血、水肿,表面可看到大小不等的出血点,气管及支气管内有多量白色泡沫,胆囊肿大。

(四)预防

1. 加强饲养管理

羊应避免采食过多的多汁嫩草及精料,经常补给食盐,适当运动,天气突变时做好防风保暖工作。

2. 做好防疫工作

每年春、秋季两次进行防疫注射,不论年龄大小每只羊每次皮下或肌内注射羊三联四防苗 5 毫升。对病羊所污染的场所、用具等进行彻底消毒。

(五)治疗

最急性的往往来不及治疗便迅速死亡。对病程较长(2 小时以上)的病羊可采用下列疗法:

1. 一次内服磺胺脒 10 ~ 20 克,4 小时后用量减半再服一次。

2. 青霉素 160 ~ 240 万国际单位肌内注射,每 4 小时 1 次,连用3 ~ 6 次。

3. 内服 20% 的生石灰水过滤液 200 ~ 300 毫升。

4. 脱水时及时输液,可用 5% 糖盐水加 10% 的安纳加 5 毫升静脉注射,每 3 ~ 5 小时 1 次;有疼痛症状时可肌内注射安乃近

5～10毫升。怀孕母羊应注射黄体酮20～30毫升。对想喝水的病羊可供给温盐水，应少量多次，2小时1次。

二、口炎

口炎是口腔黏膜表层或深层的急性发炎所致。大多是由于吃了粗糙和尖锐饲料，或饲料中混合了其他杂质所造成的。其次，牙齿磨损不正，器械的损伤，使用高浓度的刺激性药品，吃了霉败饲料，以及维生素缺乏等，也可发生本病。此外，口炎还可继发于某些传染病。

（一）症状

食欲降低，口内流涎，咀嚼缓慢或想吃草而不敢吃，有时吐草。细菌感染时，口腔有臭味。打开口腔观察，卡他性：可见口黏膜潮红、充血、肿胀、疼痛，特别在唇内、齿龈、颊部比较明显。水泡性：可见上、下唇内有很多小米大或黄豆大，充满透明或灰黄色液体的水泡。若见口黏膜上有溃疡性病灶，咀嚼和吞咽发生严重障碍，口内恶臭，体温升高，则可判定其患了口炎。上述类型可单独发生，也常交错出现。

（二）治疗

消除致病因素，喂给柔软和易消化的饲料。用0.1%高锰酸钾溶液冲洗口腔，并涂甲紫或碘甘油溶液。发生溃疡的，用5%硫酸铜溶液涂搽溃疡面，再按1:5涂碘甘油。

三、瘤胃臌气

瘤胃臌气病是瘤胃产生大量气体引起的疾病。原因是吃了大量易发酵饲料，如吃了雨淋或带霜露的青草，空腹放牧于开花前的豆科牧草，吃了发霉发酵的豆饼、酒糟、青草及干草；吃大量的干草、精料后，立即饮用过量的水等。本病还可继发于瘤胃弛缓、瓣胃阻塞、真胃积食及真胃胃炎等病。

（一）症状

急性膨胀，由于产气快而多，病羊站立不动，不吃不喝不反刍不嗳气，腹部迅速胀大，左边腹部尤为明显，按之有弹性，叩之有臌音，呼吸困难、张口伸舌。结膜蓝紫色，脉搏弱而快，有时直肠垂脱，最后眼球突出。出汗，呼吸极度困难，体温下降，昏迷，如不急救将很快死亡。

慢性臌胀，多属消化器官疾病引起的瘤胃排气障碍。表现腹围逐渐扩大，食欲不振，嗳气缓慢，症状比较轻微的，经几小时后可自愈。但往往复发，症状一次比一次加重。

（二）治疗

病轻时，可用来苏尔 2 毫升，或福尔马林 2 ~ 3 毫升，或鱼石脂 2 ~ 6 克，均加水 200 ~ 400 毫升，一次灌服。

病情严重时，应采用穿刺放气。如无套管针用 16 号普通针头也可，在左前部髓关节外角，向最后肋骨划一条和背平行的线，取线的中点为穿刺部位。或从左前部臌胀最高处刺入。先按常规剪毛消毒，然后从上方向对侧肘头方向刺入 2 ~ 3 厘米。要缓缓排气，千万别急速放气。防腐止酵药剂可从针管注入胃内。压紧术部皮肤拔出针管，术部涂碘酒。

四、胃肠卡他

胃肠卡他病特征是胃肠黏膜的轻度炎症，临床表现为下痢。

病因为饲料粗硬或品质不良;饲料单一或缺乏维生素及矿物质,羔羊时饥时饱、饮水不足。断乳初期,突然喂给不易消化的粗硬饲料或过多精料。牙齿缺损咀嚼不全,圈舍潮湿,气候骤变,以及寒冷等因素可诱发本病。

(一)症状

病羊精神不振,食欲减退,口腔干燥或湿润。病初粪便变形,不成粒状,而成猪粪或牛粪状,继而变为粥状,排粪次数增加。山羊羔患此病有时可见到臌气。病程严重时,粪便呈稀水状。如转为胃肠炎,则排泄物中混有黏脓或血脓。病羊食欲显著减退,精神沉郁,脉搏跳动加快。

(二)治疗

首先清理胃肠,减食或停食。一般给予柔软嫩绿多汁易消化饲料,数量减为平常的2/3 或1/2。下痢剧烈的,应断食1~2 天,同时投给人工盐50~100 克。

在清理胃肠时,可给予下列药物治疗。鞣酸18 克、磺胺咪18 克、次硝酸铋18 克、木炭末48 克,混合均匀分成六包。成年羊每次一包,温水灌服,每日三次,连续服用。对羔羊可用胃蛋白酶4 克、酪蛋白4 克、土霉素2 克,混匀分成8 包,每次1 包,温水灌服,每日4 次。此外,严重病例还应配合肌内注射氯霉素注射液4 毫升(羔羊2 毫升即25 万国际单位),每日2~3 次。或小檗碱注射液5 毫升(羔羊2 毫升),每日2 次。羔羊也可肌内注射青霉素10 万国际单位,每日2 次。

五、肺炎

此病对绵羊引起的损失较山羊大,尤其是羔羊。病因主要有

气候变化剧烈，如冬末初春昼夜温差较大，圈舍内通风不良，羔羊因拥挤、室温过高等情况导致感冒而继发脑炎，或剪毛后遇冷湿天气。羔羊先天不足、抵抗力弱，运动不足和维生素缺乏，也容易发病；大羊也可因圈舍潮湿、空气污染而有贼风，由鼻卡他或支气管卡他，护理不周发展成为肺炎。此外，还有异物入肺、寄生虫性肺炎或继发于其他疾病等。

（一）症状

羔羊病初咳嗽流鼻涕，很快发展成呼吸困难（60～80次/分，有的可达100次/分以上），心跳加快（170次左右/分，有的可超过200次/分），体温升到40～41℃。食欲废绝，伸颈拱背，闭目无神。听诊肺部有罗音。站立不定，急性的1～2天死亡，慢性的可造成发育不良。大羊病初精神迟钝，食欲减退，体温40～42℃，寒战，呼吸加块。心悸亢进，脉细而快。眼、鼻黏膜变红，有黏性鼻液，常发干而痛苦的咳嗽音，以后呼吸愈见困难，喘息，终至死亡。

（二）治疗

首先加强护理，把羊放在清洁温暖通风良好、无贼风的单栏内，保持安静，喂易消化的饲料，不断供给温水。

羔羊肺炎可在胸腔内注射青霉素。方法是：在倒数第6～8肋间，离背部4～5厘米处，剪毛消毒，进针1～2厘米。用量为1月龄以下羔羊1万国际单位，1～2月龄10万国际单位，每日2次，连用2～3天。也可用磺胺嘧啶肌内注射，每日2～3次，每次2毫升。成羊除护理措施相同外，可用四环素60万国际单位加糖盐水100毫升，溶解后一次静脉注射，每日2次，连用3～4日；

或用卡那霉素100万国际单位一次肌内注射，每日2次，连用3～4次。此外，可采取一些对症疗法，如体温升高时，可肌内注射安乃近2毫升。为了强心和增强小循环，可反复注射樟脑水或樟脑油。如便秘，可灌服油类或盐类泻剂；如患寄生虫性肺炎，则先作驱虫治疗后再消炎。

六、风湿病

风湿病是关节或肌肉的一种疼痛性炎症。其病因尚不十分清楚，一般认为是一种与溶血性链球菌感染有关的全身性变态反应。羊舍长期潮湿、阴冷、贼风侵袭等风、寒、湿因素，都易诱发本病。羊发病多在后肢。

（一）症状

羊突然发病，常伴有体温升高、精神不振、食欲减退等症状受侵部位不局限于一处一肢，常呈游走性发病。但羊后肢发病较为多见。行走时呈僵硬步幅，步幅缩短，初运步时跛行显著，走开后逐渐症状减轻或消失。受侵肌肉呈现疼痛紧张和坚实感。若关节得病时则肿大；颈部受侵时，头偏向一侧，不能自由运动。

（二）治疗

局部治疗可用松节油或樟脑每日涂擦2～3次。行动自如后，将水杨酸钠6.5克用温水灌服，每日2次，连用数日。全身急性风湿并有体温升高时，用10%水杨酸钠20～50毫升、氢化可的松5～10毫升，混合静脉注射，每日一次。关节风湿时，用醋酸可的松配青霉素作关节内注射。

七、骨折

羊腿细长，山羊又较活泼，因此容易发生骨折。骨折常伴有周围组织不同程度的损伤，是一种较常见的严重外科病。皮肤破裂、骨头露出创外，叫开放性骨折；骨头未穿破皮肤的叫闭合性骨折。骨折后断端完全分离的叫完全骨折；两端未分离的叫不完全骨折。

（一）症状

羊骨折多发于后肢，病羊突然倒卧不起，或悬起断肢、其余三肢负重呆立不动。驱赶时行走困难，故见口吐白沫、呼吸急促。骨折部位肿胀，有的皮肤破损。若为完全骨折，手摸断端可听到碰磨声，患肢像钟摆样摆动。

（二）治疗

治疗原则是：正确整复，合理固定，加强护理，机能锻炼。

具体步骤如下：

1. 用消毒液洗净受伤部位及创伤周围的皮肤，再涂以碘酒，以防感染。

2. 正确整复骨折部分，使断端接合良好。

3. 合理固定。根据骨折部位的情况，用窄竹板或硬纸条，在断腿的前、后、内、外各放一条，再用绷带缠紧，以保护伤口及固定折断部位。在用绷带前对压力大的地方要垫以棉花（垫平）。为使固定良好，可在绷带外面涂以松香油，使其变硬。

4. 加强护理和机能锻炼。治疗初期，不让病羊多活动，要关在羊舍内，绝不可放牧。待病肢可以着地时，允许在运动场或羊舍周围自由活动。

5. 为促进愈合，可内服中药接骨散，或注射钙制剂。

八、阴道脱出

阴道脱出的特征为阴道壁一部分或全部从阴门向外脱出，山羊较绵羊多见。病因较多，主要有体质虚弱，运动不足，阴道及子宫周围的组织、韧带松弛。老龄多胎羊、孕羊等多见。

（一）症状

阴道部分脱出的羊，横卧时阴道内或阴唇裂隙形成红色小球，稍突出于阴门外。当病羊站立时，突出物退缩消失。

阴道全部脱出时，阴门外可见突出的红色圆形瘤状物，羊站立时不复原。由于摩擦和污物的沾染，久而变为污紫色、水肿。继而糜烂渗出血液，病羊时有努责、排尿不畅的表现。

（二）治疗

不完全脱出时，一般不需要特殊治疗。若完全脱出而有污染和创伤时，先用温开水冲洗污物，再用 2% 明矾溶液冲洗，使羊前低后高站立保定，用手将脱出部分推向前上方，逐渐推入骨盆腔内，然后将手指伸入阴道，展平阴道黏膜上的皱褶，接着用 2% 的明矾溶液灌入阴道。

为防止阴道再脱出，整复后应当缝合阴门。缝前要对术部消毒。不要缝得过紧，但必须使缝线穿过组织深部，以防撕裂阴唇。山羊较敏感，努责较强，应多缝几针，下面留一小孔排尿。临产前要拆线。

九、胎衣不下

胎儿出生后，自然排出胎衣的时间：绵羊为2～6小时，平均3.5小时；山羊为1～5小时，平均2.5小时。在生产实践中，一般超过12～24小时胎衣还没有被排出，则为胎衣不下。病因或是产后子宫肌收缩乏力，或是胎儿胎盘和母体胎盘愈合所致。

（一）症状

胎衣可能全部不下或是一部分不下，未脱下的胎衣常垂吊于阴门之外。病羊拱背，时而努责，有时努责剧烈可能引起子宫脱出。如胎衣在24小时内被全部排出，多半不会出现并发病。否则，胎衣开始腐败，发出恶臭。病羊精神不振，食欲减退，并从阴道中排出恶臭的分泌物。往往并发败血病，破伤风，子宫或阴道慢性炎症。如羊不死，一般在5～10天内，全部胎衣发生腐烂而脱落。

（二）治疗

如经过24小时胎衣不下，即须采取适当措施。

剥离：术部和手作常规消毒。皮下注射垂体后叶素20～40万国际单位或用麦角新碱2～4毫升。一手握住胎衣，另一手送入橡皮管，将0.1%高锰酸钾溶液（或0.9%氯化钠溶液），注入子宫。手小的人将手伸入子宫将绒毛膜从母体子叶上剥离下来。

出现败血症时，应肌内注射青霉素80万国际单位、链霉素100万国际单位，每12小时注射一次。同时，每日用1%冷盐水冲洗子宫一次，排出盐水后，向子宫内注入青霉素40万国际单位及链霉素100万国际单位。静脉注射10%～25%的葡萄糖溶液

200 毫升及乌洛托品 10 毫升，或注射红霉素 10 万国际单位和 25% 葡萄糖溶液 250 毫升，每日 1 ~ 2 次，直至痊愈。此外，可进行健胃、缓泻。

十、黑斑病红薯中毒

真菌寄生在红薯表层而引起黑斑病，病部干硬，上有黄褐色或黑色斑块，味苦，羊吃这种红薯会发生中毒。

（一）症状

绵羊体温升高，呼吸、脉搏加快；有时呼吸困难，喘气，咳嗽，发吭声，粪便软，尿量少。严重时精神不振，脉动无力，打战，粪便里有黏液，7 ~ 10 日死亡。死后鼻流出白色泡沫。呼气比吸气长度大 4 ~ 5 倍，有臭味，咳嗽发吭音，有渴欲，尿量少。四肢集于腹下，拱背而立。大便带黏液、血丝，甚至带有脓块。死前发出长声哀叫。

（二）治疗

排毒用 1% ~ 2% 的双氧水洗胃。内服 1% 高锰酸钾 100 ~ 200 毫升，或硫酸钠 60 ~ 80 克、氧化镁 10 ~ 16 克混合灌服。静脉放血 60 ~ 100 毫升，然后静脉注射糖盐水或 0.9% 氯化钠溶液 300 ~ 500 毫升。此外，还可用 25% 葡萄糖溶液 100 毫升与 5% 碳酸氢钠溶液 50 毫升，混匀一次静脉注射。为了缓解呼吸困难，可用麻黄素、氨茶碱等皮下注射，也用 5% ~ 10% 亚硫酸钠溶液 150 ~ 200 毫升加维生素 C 500 毫克，一次静脉注射。

十一、有机磷化合物中毒

农业上广泛应用有机磷化合物毒杀害虫，畜牧业也常用来驱虱、灭蚊，治疗螨病或胃肠道线虫病。

（一）症状

中毒较轻时，食欲不振，无力、流涎。较重时，呼吸困难，腹痛不安。肠音亢进，排粪次数增加。肌肉颤动，四肢发硬。瞳孔缩小，视力减退。最严重时，口吐白沫，心跳加快，大小便失禁，神志不清，黏膜发紫，全身痉挛，最后肌肉麻痹、窒息而死亡。

（二）治疗

解毒可用1%硫酸阿托品1～2毫升，皮下注射；再用解磷定，按10～45毫克/千克溶于0.9%的氯化钠溶液或5%的葡萄糖盐水中均可，静脉注射。若半小时后，不见好转，可再注射一次。

对症治疗：呼吸困难的注氯化钙；心脏及呼吸衰弱的注尼可刹米。为制止肌肉痉挛，可用水合氯醛或硫酸镁等镇静剂治疗。

第六章

废弃物处理与资源化利用

羊粪含有机质丰富，氮、磷、钾含量比牛粪、猪粪高，适合生产有机肥料。羊粪尿中的有毒有害物质主要包括病原微生物、寄生虫、化学试剂、残留药物等，需要进行无害化处理。羊粪若处理不当，容易对环境造成污染，对人类健康不利。但羊粪是家畜粪肥中养分最丰富的有机肥原料，如能因地制宜采用种养结合等模式进行资源化利用，将对维持农业生态平衡起到重要作用。

南方地区气候以热带、亚热带季风为主，气温较高，气候湿润，夏季高温高湿，所以南方省份普遍采用高床栏舍养羊。高床羊舍的床面主要采用漏缝地板，这种方式能保持舍内环境干爽，便于通风，粪便易于清除，可以大大减少羊的疾病发生。漏缝地板距离地面的高度以 80 ~ 100 厘米为宜，板材可选用铁网、竹片和木条等，漏缝地板的缝隙宽度以 1 厘米左右为宜。冬季温度较低时，应在铁网、竹片漏缝地板上放置木板供羊躺卧。

第一节　粪污收集

羊粪便为圆形的颗粒状，较干燥，因此与其他畜种相比，羊粪的收集处理较为便利。羊粪一般从漏缝地板的缝隙中漏到下方的集粪区，积累到一定量时再从集粪区（见图 6.1）将羊粪清理出去。因此，高床羊舍（见图 6.2）的粪便收集能减轻劳动强度、节约人力、提高劳动效率，漏缝地板的使用能保证羊舍的清洁和卫生。高床式羊场污水收集系统一般由排尿沟、降口、污水沟（见图 6.3）和粪水池构成。粪水池容积应能贮 20 ~ 30 天的粪污，与饮水井保持 100 米以上的距离。

图6.1　集粪区

图6.2　高床羊舍

图6.3　高床羊舍污水沟

粪便收集主要采取人工清粪方式，收集的羊粪进行集中堆积发酵处理，如羊场规模较小也可将羊粪装袋收集（见图 6.4）发酵处理。如羊场规模化程度较高，为节省劳动力，可采取机械方式清粪。

羊尿及污水采用沼气池厌氧发酵处理。

图 6.4　羊粪袋装收集

第二节　粪污处理方法

一、羊粪堆积发酵方法

羊粪堆积发酵就是利用各种微生物的活动来分解粪中的有机成分，有效地提高有机物质的利用率，这也是目前养羊场最常用的方法。

羊粪中富含粗蛋白质、粗纤维等有机成分，与垫料、秸秆、杂草等物质混合、堆积，将相对湿度控制在65%～75%，微生物就会大量繁殖，有机物会被微生物分解、转化为无臭、腐熟的有机肥。堆肥过程中形成的高温环境能杀灭羊粪中的有害病菌、寄生虫卵及杂草种子，达到无害化目的，从而有效解决羊场粪便污染环境的问题。堆肥的优点是技术和设施较简单，操作方便，无臭味，腐熟后肥效好。

(一)场地要求

羊粪堆积场地一般为水泥地或水泥槽，如地面未硬化需铺塑料膜。堆粪场地面要防雨防渗漏，堆粪场地大小可根据实际情况而定。

(二)羊粪堆积发酵方法

1. 堆积体积

可长条状堆积，高度1.5～2.0米，宽1.5～3.0米，长度视场地大小和粪便多少而定。

2. 堆肥

刚开始堆积时，保持粪堆较疏松状态，待堆温超过60℃时保持3～5天，待堆温自然稍降后，将粪堆压实，而后再堆积一层新鲜粪，如此层层堆积至1.5～2.0米为止，用泥浆或塑料膜密封。特别是在多雨季节，粪堆覆盖塑料膜可防止粪水渗入地下污染环境。

在经济发达的地区，多采用堆肥舍、堆肥槽、堆肥塔、堆肥盘等设施进行堆肥，优点是腐熟快、臭气少，可连续生产。

3. 翻堆

发酵期间，粪堆含水量以60%～75%为宜，超过75%时应中

途翻堆控制水分，低于60%时应适当加水。

4. 堆肥时间

堆肥应在保持2个月以上的密封时间后再启用。

5. 通风设施

必要时可在料堆中竖插或横插适当数量的通气管，增加透气效果，促进粪堆发酵。

（三）羊粪腐熟判断

一般情况下，当堆温降低、物料疏松、稍有氨气味、无原来的臭味、堆内产生白色菌丝时，即可判断为腐熟（见图6.5）。

图6.5　腐熟羊粪

（四）羊粪处理和利用

羊粪经堆积发酵腐熟后，施入草地或农田作为其他农作物肥料。

二、粪污沼气池无害化处理

沼气发酵通常是指在厌氧以及一定的温度条件下，通过发酵微生物将有机物进行分解并转化为沼气的过程。羊粪污通过发酵处理，可以有效杀灭羊粪中的有害虫卵，减少疾病虫源的传播。

沼气主要用作燃料供热或发电，发酵的残渣可作有机肥料。因而沼气池处理是规模化羊场粪污无害化处理及综合利用的一种好形式。南方由于气温相对北方较高，具有一定规模的养羊场基本上都配套建设了沼气池，将羊场粪污等直接送入沼气池，进行厌氧发酵处理。

沼气工程处理系统（见图 6.6）包括贮粪池、沼气池、沼液贮存池、沼液沼渣排出管道等。羊场粪污自羊舍排出，先进入贮粪池，然后用泵抽到沼气池进行厌氧发酵处理，生产的沼气可作为生活燃料供给场区或周边农户使用，沼液、沼渣可作为有机肥料还田，用于草地、菜地、果园和大田。该模式对羊场废弃物进行循环利用，是目前较为有效的羊粪污处理方式。

图 6.6　粪污沼气工程处理系统

三、有机肥生产

调节羊粪的水分、碳氮比、pH 值，控制温度，通风供氧，供以适当的接种剂，使羊粪中的有机质和营养元素转化成性质稳定、无害的有机肥料。加入适量的无机元素，必要时再加入有利于土壤结构、作物吸收、元素释放等的有益微生物，制成不同种类的复合肥或混合肥，为羊粪资源的综合开发利用开辟更加广阔的市场空间。

四、生物学处理

羊粪可作为生产生物腐殖质的基本原料，可就地取材，搭配稻草、秸秆、树叶等植物就可制成养殖蚯蚓的基料，具有适口性好、营养丰富、易消化等特点。将羊粪与植物原料混合堆成粪堆，浇水，堆藏 3 ~4 个月，直至 pH 值达到 6.5 ~8.2，粪内温度 28℃，粪堆无酸臭、氨气等刺激性异味时，引入蚯蚓进行繁殖。蚯蚓具有很强的分解有机物的能力，在其新陈代谢过程中能吞食大量有机物，不仅能无害化处理羊粪，将固体粪便转换成蚯蚓粪肥，而且生产的蚯蚓能提供动物蛋白质，实现高值化利用，增加经济效益。

第三节　羊粪还田利用

羊粪含有机质丰富，肥效浓厚，是一种快速、微碱性肥料，适于各种土壤施用。用作农作物肥料是目前羊粪利用的主要方式，即羊粪经无害化处理后还田。

一、提高土壤肥力

土壤中95%的微量元素以不溶态形式存在，不能被植物吸收利用，而在“过腹转化”来的羊粪有机肥料中的微生物在代谢过程中产生大量的有机酸类物质，能把铜、锌、铁、钙、镁、硫等微量元素变成可以被植物直接吸收利用的营养元素，大大增加了土壤的肥力。

二、促进土壤有益微生物繁殖

羊粪肥料可以促进土壤中的微生物大量繁殖，特别是固氮菌、氨化菌、纤维素分解菌等有益的微生物，能分解土壤中的有机物，增加土壤的团粒结构，改善土壤组成。

羊粪肥料中的微生物在土壤中的繁殖速度非常快，微生物的菌体死亡后，在土壤中留下了很多微细的管道，不但增加了土壤的透气性，而且还使土壤变得蓬松柔软，营养水分不易流失，避免和消除了土壤的板结。

羊粪肥料中的有益微生物还能抑制有害病菌的繁殖，如果连续多年施用羊粪肥料，可以有效抑制土壤有害生物，可很大程度地减少农药的使用。同时，羊粪肥料中有动物消化道分泌的各种活性酶，以及微生物产生的各种酶，这些物质施到土壤后，可大大提高土壤的酶活性。

三、保护农作物根茎

羊粪肥料中含有丰富的氮、磷、钾，还含大量的植物所需要的其他营养成分，可为农作物提供全面的营养，分解释放的二氧化

碳(CO_2)可促进植物光合作用。羊粪肥料在土壤中分解能够转化形成各种腐殖酸,对重金属离子有很好的络合吸附作用,能有效地减轻重金属离子对作物的毒害,并阻止其进入植株中,保护植物的根茎。

四、增强农作物抗性

羊粪肥料含有维生素、天然抗生素等,可减轻或防止病害的发生,增强农作物抗性。“过腹转化”而来的羊粪肥料施入土壤后,在一定程度上增强了土壤的蓄水保水能力,有利于提高作物的抗旱能力。同时,羊粪肥料还可使土壤减少板结变得疏松,改善作物根系的生态环境,促进根系的生长,增强根系活力,提高作物耐涝能力。

五、提高食品的安全性、绿色性

由于羊粪肥料中各种营养元素是无毒、无害、无污染的自然物质,这就为生产优质、无污染的绿色食品提供了充分条件。如腐殖酸,可以减轻重金属离子对植物的危害,也就相当于减少了重金属对人体的危害。

六、提高农作物产量

羊粪肥料中的有益微生物利用土壤中的有机质,产生次级代谢物,其中含有大量的促生长类物质。如生长素,能促进植物伸长生长,脱落酸能促进果实成熟,赤霉素能促进植物开花坐果,这些都有利于作物提高产量,实现增产增收(见图 6.7)。

图 6.7　羊粪还田种植牧草

七、提高化肥利用率

在实际生产中，化肥的实际利用率较低，损失的化肥有的被固定在土壤中，不能被植物直接吸收利用，有的分解释放到大气中，有的则随着水土流失掉了。

当施入羊粪肥料后，由于大量有益微生物的繁殖改善了土壤结构，增加了土壤保水保肥能力，从而减少养分的流失。加上有益微生物有解磷、解钾的作用，能大大提高化肥有效利用率(见图 6.8)。

图 6.8　羊粪还田种植蔬菜

八、提高土壤温度，改良盐碱地

羊粪肥料经过堆积发酵等无害化处理，pH值保持中性，对于中重度盐碱地有明显的改良作用。如果连续使用几年，盐碱程度会大幅度减轻。同时，因其特有的发热特性，施用羊粪肥料后，土壤温度能提高2～3℃，特别是在低洼冷浆地施用，效果更加明显。

第四节　病死羊无害化处理

病死羊处理应按照国家发布的《病死及病害动物无害化处理技术规范》执行。在实际中，常采用深埋法、焚烧法及化制法等方法处理。

一、深埋法

深埋法是指将病死及病害动物和相关动物产品投入深埋坑中并覆盖、消毒的方法。按照相关规定，此法不能用于患有炭疽等芽孢杆菌类疫病羊及产品、组织的处理。

（一）运输

根据病死羊个体大小、处理数量，准备好运输车辆。运输车辆做好防止体液渗漏的措施，且接触面宜于反复清洗消毒。病死羊尸体最好装入密封袋，相关运输设施离开时应进行消毒。运输过程中，要避免沿途污染，车厢无法密闭的，病死羊应有密封塑料袋包装。

(二)埋藏地点

一般选择地势高燥、处于下风向的地作为病死羊的埋藏地点。注意要远离学校、公共场所、居民住宅区、村庄、动物饲养和屠宰场所、饮用水源地、河流等地区。

坑应尽可能地深(2～7 米)、坑壁应垂直。坑的容积估算可参照以下参数:坑的底部须高出地下水位至少 1 米,每 5 头成年羊约需 1.5 立方米的填埋空间,坑内填埋的肉尸不能太多,掩埋物的顶部距离坑面不少于 1.5 米。

(三)入坑

坑底洒一层厚度为 2～5 厘米的生石灰或漂白粉等消毒药。病死羊尸体先用 10% 漂白粉上清液喷雾(200 毫升/米^2),作用两小时。为了保证更好地消灭病原微生物,可将要进行掩埋处理的病死羊尸体在掩埋坑中先进行焚烧处理,之后再按正常的掩埋程序进行掩埋。

(四)掩埋

先用 40～50 厘米厚的土层覆盖尸体,然后再放入未分层的熟石灰或干漂白粉 2～5 厘米,然后覆土掩埋,平整地面,覆盖土层厚度不应少于 1.5 米。

(五)注意事项

深埋覆土不要太实,以免腐败产气造成气泡冒出和液体渗漏。深埋后,在深埋处设置警示标识。深埋后,定期对掩埋场进行必要的检查,以便在发现渗漏及其他问题时及时采取相应措施,深埋坑塌陷处应及时加盖覆土。

二、焚烧法

焚烧法是指在焚烧容器内，使病死及病害动物和相关动物产品在富氧或无氧条件下进行氧化反应或热解反应的方法。

焚烧法用于处理需要焚毁的病害动物和病害动物产品，是目前世界上应用广泛、最成熟的一种热处理技术，也是常用的几种无害化处理方法中效果最好、最彻底的一种方法。

（一）优缺点

焚烧法优点是具有消毒灭菌效果好，病死羊尸体变为灰渣，减量化效果明显，可以避免采用掩埋法处理病死畜禽尸体而存在的暴露地面、疫病散播等隐患，可以彻底消灭病原，杜绝再次污染的可能性。

缺点是动物尸体在燃烧过程中会产生大量的污染物（烟气），包括灰尘、一氧化碳、氮氧化物、重金属、酸性气体等。同时，燃烧过程有未完全燃烧的有机物，如硫化物、氧化物等，产生恶臭气味，会对环境造成很大的污染。耗能高，焚烧一次耗油量较大。大型焚尸炉的固定资产投入较大、运行成本高、处理工艺复杂，需要对烟气等有害副产物做处理，增加处理成本。

（二）焚烧方法

可采用的常用方法有焚化炉法和焚烧窑（坑）法。

焚化炉法是一种高温热处理技术，即以一定的过剩空气与被处理的有机废弃物在焚烧炉内进行氧化燃烧反应，废物中的有害有毒物质在高温下氧化、热解而被破坏，实现废物无害化、减量化、资源化的处理技术。该法具有安全、处理比较彻底、污染程度小等优点，但是建造和运行成本相对较高，焚烧一次耗油量较大。

窑式焚化也叫气幕焚化，是一种利用鼓风在窑内焚烧物品的焚化技术，这种设备包含一个大功率的鼓风机和连接窑坑的通气道，空气流为焚化窑创建一个顶盖式的气幕，为产生很高的燃烧温度提供充足的氧气，并使热气流在窑内循环，促进焚化物品的完全燃烧。此法适用于相对小的物品的连续焚烧，具有可移动的优点。

（三）注意事项

严格控制焚烧进料频率和重量，必要时对病死羊进行破碎等预处理，使病死及病害动物和相关动物产品能够充分与空气接触，保证完全燃烧。焚烧炉渣与除尘设备收集的焚烧飞灰要分别收集、贮存和运输。焚烧炉渣按一般固体废物处理或作资源化利用。燃烧室内应保持负压状态，避免焚烧过程中发生烟气泄露。

三、化制法

化制法是指在密闭的高压容器内，通过向容器夹层或容器内通入高温饱和蒸汽，在干热、压力或蒸汽、压力的作用下，处理病死及病害动物和相关动物产品的方法。

化制法是对病死畜禽（除患有烈性传染病或人畜共患传染病的畜禽）尸体无害化处理方法中比较经济适用的一种方法。该法既不需要覆土掩埋，也不像焚烧法那样，需将动物尸体彻底销毁。对患有一般性传染病，轻症寄生虫病或者病理学损伤的动物尸体，根据损伤性质和程度，经过化制处理后，可以制成肥料、肉骨粉、工业用油、胶、皮革等。如果操作得当，可以最大限度地

实现废物的资源化，蒸煮产生的废油、废渣都有较高的利用价值，可以实现变废为宝的目的。

（一）适用范围

患有一般性传染病、轻症寄生虫病或病理性损伤的动物尸体；病变严重、肌肉发生退行性变化的动物尸体、内脏；注水或注入其他的有害物质的动物胴体；农残、药残、重金属超标肉，修割的废弃物、变质肉和污染严重肉等。

（二）优缺点

化制法是无害化处理病死畜禽尸体较好的一种方法，具有灭菌效果好、处理能力强、处理周期短，单位时间内处理快，不产生烟气，安全等优点。化制法不仅对动物尸体可做到无害化处理，而且保留了许多有价值的副产品，如工业用油脂及肉骨粉等，残渣可制成蛋白质饲料或肥料，经济实用，最大可能地实现资源化利用。

缺点是需要对较大尸体进行切割，对防疫条件要求很高。化制时，产生的异味明显，而且油水分离、污水排放的无害化处理等会带来一系列不好解决的问题。

（三）化制前对病死羊尸体的处理

1. 尸体收集

养殖场应配备质地坚韧、不漏水的一次性收尸袋和收尸桶，收集死亡羊的尸体和污染物，分娩产出的死胎等，密封消毒后运至无害化处理点。

2. 场地及环境消毒

对发病的羊圈舍，以及其他污染的场所、工具等，先用消毒液喷洒消毒，再清理污物，然后进行彻底冲洗，清理冲洗后再次进行消毒。

3. 尸体运送

工作人员均应穿戴工作服、口罩、风镜、胶鞋和手套。最好用特制的运尸车。将病死羊尸体安全地运至化制处，投入专用湿化机或者干化机进行化制。

4. 资源化利用原则

作为化制后的病死羊产品可以作为工业原料；经过高温、放置和产酸处理的病死羊及其产品，大部分可以资源化利用。

5. 尸体破碎处理

对动物尸体进行化制前，通常需要进行破碎处理，使其尺寸减小、消除空隙、质地均匀，提高工作效率。破碎固体废物常用的粉碎机类型有颚式破碎机、锤式破碎机、冲击式破碎机、剪切式破碎机。

（四）化制法的分类

一般采用湿法炼制（湿化法）和干法炼制（干化法）。

1. 湿化法

湿化法是用湿压机或高压锅处理病害畜禽和废弃物的炼制法。必要时对病死羊进行破碎预处理。被送入高温高压容器的病死羊，总质量不得超过容器总承受力的4/5。高温高压结束后，对处理产物进行初次固液分离。固体物经破碎处理后，送入烘干系统；液体部分送入油水分离系统处理。

2. 干化法

干化法是使用卧式带搅拌器的夹层真空锅对病害动物进行

干化的炼制法。炼制时将病害动物尸体及其产品进行破碎切割后放入化制机内，蒸汽通过夹层使锅内压力增大，当温度升高到一定温度限度时，受干热与压力的作用，破坏化制物结构，使脂肪液化从肉中吸出，同时也可以杀灭细菌，从而达到化制的目的。其中热蒸汽不直接接触化制的肉尸，而是循环于加热层中，这也是湿化法与干化法的主要区别。必要时对病死羊进行破碎预处理。加热烘干产生的热蒸汽经废气处理系统后排出，加热烘干产生的动物尸体残渣传输至压榨系统处理。

参考文献

[1]尤佩华,葛加根,金银.高床圈养羊舍和羊床的建筑技术要点[J].北方牧业,2013(05):26.

[2]储呈彬.高架舍饲羊舍的设计和建设[J].中国畜牧兽医文摘,2016,32(09):80-97.

[3]张丹,赵兵,于雷,等.浅谈寒冷地区规模羊场建设措施[J].现代畜牧科技,2016(03):5.

[4]王小平.保障肉羊养殖安全的防控措施[J].畜牧兽医科技信息,2018(05):77-78.

[5]艾地尔汗·沙合多拉.建设畜禽标准化规模养殖场的具体要求[J].甘肃畜牧兽医,2016(13):118.

[6]薛新社,王银钱,闫胜鸿.转型升级、提质增效、粪污处理、环保生态[A].科技论文集[C].石家庄:河北省畜牧兽医学会,2015:102-105.

[7]王建民.舍饲圈养规模养羊应注意的问题[N].中国畜牧兽医报,2005-05-22(12).

[8]高伟伟,李麦英.怎样设计和建设规模羊场[J].农业技术与装备,2012(03):22-24.

[9]邢福珊,魏宏升主编.圈养肉羊[M].呼和浩特:内蒙古科学技术出版社,2004.

[10]陈明辉，蒋烈戈，付维明，等. 母羊一年两产技术的生产应用效果[J]. 上海畜牧兽医通讯，2007(1):25.

[11]詹靖玺，杨国荣，王安奎，等. 努比羊生长性能研究[J]. 养殖与饲料，2010(1):2－3.

[12]朱文广，张国林，张吉林等. 农区肉羊全混日粮配套技术的探索与推广[J]. 中国羊业进展. 2011(1):130－133.

[13] 徐泽立，陈新峰，江燕，等. 规模化羊场235技术管理模式[A]. 第十六届(2019)中国羊业发展大会暨庆阳农耕文化节论文集[C]. 甘肃:中国畜牧业协会，2020.

[14] 卢少达，马占峰，庞久龙. 舍饲养羊疾病的预防及常见病防治[J]. 辽宁畜牧兽医，2004(08):25－28.

[15] 尹彦昆. 肉羊疾病预防措施[J]. 山东畜牧兽医，2019(02):72－73.

[16] 吕庆柱. 怎样预防羊的疾病[J]. 农村科学实验，2011(09):32.

[17] 马兴跃，徐昆龙，肖蓉，等. 高效优质养羊新技术[M]. 昆明:云南科技出版社，2020.

[18] 杨淑莉，刘玉盟. 舍饲羊的疫病预防措施[J]. 畜牧兽医科技信息，2006(03):42－43.

[19]孙振刚. 舍饲羊只疾病的综合防治措施[J]. 今日畜牧兽医，2006(04):39－40.

[20] 王德香，王德淑. 舍饲羊疾病的预防[J]. 养殖技术顾问，2007(07):48.

[21]卡丽曼·博拉提汗，奴尔古丽，解立松. 标准化羊药浴池的设计[J]. 湖北畜牧兽医，2014(12):34.

[22]马扬. 肉羊集约化养殖防疫体系的建立[J]. 畜禽业,2016(02):6-8.

[23] 智艳丽. 浅谈羊布氏杆菌病及诊治[J]. 山东畜牧兽医,2012(02):29-30.

[24] 李建鑫,张长胜,袁善东. 山羊场疫病防治的有效措施[J]. 农村养殖技术,2006(09):20-21.

[25]丁贵芳. 舍饲羊病防控的措施[J]. 养殖技术顾问,2012(05):211.

[26] 赵永虎. 甘州区羊病流行调查分析及规模养羊场推荐免疫程序[J]. 中兽医学杂志,2017(04):64-65.

[27] 王庆军. 肉羊养殖日常管理要点[J]. 农村养殖技术,2012(22):15.

[28]郑久坤,杨军香. 粪污处理主推技术[M]. 北京:中国农业科学技术出版社,2013.

[29]李志,杨军香. 病死畜禽无害化处理主推技术[M]. 北京:中国农业科学技术出版社,2013.

[30]中华人民共和国农业部. 病死及病害动物无害化处理技术规范[Z]. 2017-7-3.

[31]李文杨,刘远,张晓佩,等. 羊粪污染防治措施及无害化处理技术[J]. 中国畜牧业,2014(14):55-56.

[32]马桢,张艳花. 羊粪尿的处理与利用[J]. 现代农业科技,2018(01):180-181.

附 录

附录 一

肉山羊规模饲养技术规程

（DB36/T 474—2019）

1 范围

本规程规定了肉山羊规模饲养技术规程中的术语和定义、羊场建设、引种与配种、投入品、饲养管理、卫生防疫、废弃物无害化处理及档案管理等。

本规程适用于存栏200只以上舍饲的肉山羊规模养殖场（户）。

2 规范性引用文件

下列文件对于本文件的应用是必不可少的。凡是注日期的引用文件，仅所注日期的版本适用于本文件。凡是不注日期的引用文件，其最新版本（包括所有的修改单）适用于本文件。

GB/T 36195 畜禽粪便无害化处理技术规范

NY/T 816 肉羊饲养标准

NY/T 1569 畜禽养殖场质量管理体系建设通则

NY/T 2665 标准化养殖场 肉羊

NY 5027 无公害食品 畜禽饮用水水质

NY/T 5030 无公害农产品 兽药使用准则

NY/T 5339 无公害农产品 畜禽防疫准则

中华人民共和国农业部公告第 67 号《畜禽标识和养殖档案管理办法》

中华人民共和国农业部公告第 1773 号《饲料原料目录》

中华人民共和国农业部公告第 2038 号《饲料原料目录修订公告》

中华人民共和国农业部公告第 2625 号《饲料添加剂使用规范》

中华人民共和国农业部《畜禽规模养殖场粪污资源化利用设施建设规范(试行)》

中华人民共和国农业部农医发〔2017〕25 号《病死及病害动物无害化处理技术规范》

3 术语和定义

3.1

肉山羊 Meat - type goats

在经济上主要用于生产羊肉的山羊品种(系)。

4 羊场建设

4.1 选址

按照 NY/T 2665 的规定执行。

4.2 布局

按照 NY/T 2665 的规定执行。

4.3　建筑形式

采取半开放式或开放式。

4.4　羊舍结构

采用砖混结构或轻钢结构。内部排列呈单列式或双列式等。单列式内径跨度 5 ~6 米;双列式内径跨度 9 ~10 米。

4.5　羊床

羊床为高床漏粪地板,漏粪缝隙为 1.5 ~2.0 厘米;羊床高出地面 60 ~200 厘米,下设硬化接粪地面。

4.6　饲喂通道

单列式位于羊床与纵向墙壁之间,双列式位于两列羊床之间,宽度视具体情况而定。

5　引种与配种

5.1　引种

应符合品种标准,来自具有《种畜禽生产经营许可证》的种羊场。并按照 NY/T 5339 的要求隔离饲养观察。

5.2　初配月龄

10 ~12 月龄,体重达成年体重 70% 左右。

5.3　配种方法

5.3.1　自然交配

公母混群饲养比例为 1:(20 ~30)。

5.3.2　人工辅助交配

用试情公羊试情,确认母羊发情后用指定种公羊适时配种。

5.3.3　人工授精

5.3.3.1　输精量

鲜精一次输精量有效精子数在5000万个以上;冻精一次输精量有效精子数在7000万个以上。

5.3.3.2 输精次数

一个情期输精2次,间隔时间为8~10小时。

6 投入品

6.1 饲料选择与使用应符合中华人民共和国农业部公告第1773号和中华人民共和国农业部公告第2038号的要求。

6.2 饲料添加剂选择和使用应符合中华人民共和国农业部公告第2625号的要求。

6.3 日粮配制参照NY/T 816的规定执行。

6.4 饮水水质符合NY 5027的要求。

6.5 兽药按照NY/T 5030的规定执行。

7 饲养管理

7.1 羔羊的饲养管理

7.1.1 羔羊出生后,及时清理口腔、鼻腔黏液,断脐消毒,对羔羊进行称重、编号、登记。

7.1.2 羔羊出生2小时内吃足初乳。对缺奶羔和孤羔采取寄养或人工哺乳。

7.1.3 羔羊出生10天内与母羊单栏饲养,随后可采取小群混养,设置补饲栏(羔羊自由进出)开始补饲精料补充料和优质粗饲料,少给勤添,自由采食,饮水充足。

7.1.4 保持栏舍清洁干燥,通风良好;冬季注意防寒保温。

7.1.5 注意观察羔羊采食、精神状态等,如发现异常,应及时处理。

7.1.6 羔羊出生60天左右进行断奶。

7.2 育成羊的饲养管理

7.2.1 育成前期

育成前期(3~8月龄),精料补充料占体重2.2%~2.4%,日粮中的粗纤维含量15%~20%。

7.2.2 育成后期

育成后期(9月龄~配种),日粮以优质粗饲料为主,适量的精料补充料,占体重0.5%~0.8%。日粮中粗蛋白质水平为14%~16%。

7.2.3 饲养密度

0.7~1.0米^2/只。

7.2.4 日常管理

育成羊应按性别、体重分群管理。适当运动,日喂两次,自由饮水。

7.3 育肥羊的饲养管理

7.3.1 育肥羊主要来源育成羊,其次为老龄淘汰种羊。

7.3.2 育肥前期精料补充料占体重的2.2%~2.4%;后期精料补充料占体重2.8%~3%。日粮中粗饲料以干草、胡萝卜等为主。

7.3.3 育肥前栏舍、用具等要清扫消毒。进入育肥期要有10~15天的过渡期,逐渐更换饲料,做好驱虫和健胃等工作。

7.3.4 按性别、体重、健康状况分群饲养。

7.3.5 栏舍要保持清洁干燥,通风良好,饮水充足。

7.3.6 夏季不宜进行强度育肥。

7.3.7　育肥期为60~90天。

7.4　种公羊的饲养管理

7.4.1　基本要求

种公羊体格健壮、中等偏上膘情，有旺盛的性欲和良好的配种能力，精液品质好。

7.4.2　配种期

日粮中精料补充料占体重0.8%~1.0%，精料补充料粗蛋白含量在20%左右，并提供优质粗饲料。

7.4.3　非配种期

日粮以优质粗饲料（干草、胡萝卜等）为主，适当的精料补充料，精料补充料按配种期的60%~70%补饲。

7.4.4　管理

配种期要远离母羊，单栏饲养，饲养密度4~6米^2/只；非配种期可小群饲养，饲养密度2.0~2.5米^2/只。适当运动。

7.5　种母羊的饲养管理

种母羊的饲养管理分为妊娠、泌乳和空怀三个时期。

7.5.1　妊娠母羊的饲养管理

7.5.1.1　妊娠前三个月日粮以粗饲料为主，一般占日粮的80%以上，精料补充料占体重的0.4%~0.5%。

7.5.1.2　妊娠最后两个月，粗饲料自由采食，精料补充料占体重的0.8%~1.2%。

7.5.1.3　妊娠母羊小群饲养，每群12~16只，饲养密度1.0~1.5米^2/只。

7.5.1.4　产房（栏）要保持清洁干燥并消毒，冬季要注意防

寒保暖。

7.5.1.5　母羊产前3~5天转入产栏待产,酌减精料补充料,注意观察母羊精神状态。

7.5.2　哺乳母羊的饲养管理

7.5.2.1　膘情好的母羊,产羔后1~2天,只喂优质青干草,不喂精料补充料。

7.5.2.2　哺乳前期的母羊精料补充料占体重1.0%~1.2%,粗饲料自由采食。

7.5.2.3　哺乳后期的母羊日粮以粗饲料为主,逐渐减少精料补充料。

7.5.2.4　母羊分娩7天内单栏饲养,饲养密度2.0~2.5米^2/只。7天以后小群饲养,饲养密度1.5~2.0米^2/只。

7.5.2.5　羊舍保持清洁干燥,冬季要注意防寒保温,自由饮水。

7.5.3　空怀母羊的饲养管理

7.5.3.1　要增加粗饲料的饲喂量,精料补充料占体重0.6%~0.8%。

7.5.3.2　母羊要加强运动,短期优饲,保持羊群膘情基本一致,发情相对集中。

8　卫生防疫

8.1　羊场防疫按照NY/T 5339的规定执行。

8.2　定期对羊舍、用具及周围环境进行消毒。

8.3　根据免疫监测结果,结合当地疫病发生流行规律,制定本场免疫预防计划。

8.4　选择高效、广谱驱虫药物，定期进行体内外寄生虫驱除。药物符合 NY/T 5030 的规定。

9　废弃物无害化处理

9.1　粪污处理设施应符合中华人民共和国农业部《畜禽规模养殖场粪污资源化利用设施建设规范（试行）》的要求。

9.2　粪、尿、污水等无害化处理按照 GB/T 36195 的规定执行。

9.3　病死羊等处理应符合中华人民共和国农业部农医发〔2017〕25 号的要求。

9.4　废弃的疫苗、药物、医疗材料等其他废弃物符合《医疗废物管理条例》的要求。

10　档案管理

10.1　应按照中华人民共和国农业部公告第 67 号的规定执行。

10.2　生产记录应按照 NY/T 1569 的规定执行。

附录　二

肉羊高床栏舍建设规范

（DB36/T 1195—2019）

1　范围

本标准规定了肉羊高床栏舍的术语和定义、选址与布局、建筑要求、内部构造和废弃物无害化处理设施等内容。

本标准适用于肉羊场的高床栏舍设计与建筑。

2　规范性引用文件

下列文件对于本文件的应用是必不可少的。凡是注日期的引用文件，仅所注日期的版本适用于本文件。凡是不注日期的引用文件，其最新版本（包括所有的修改单）适用于本文件。

GB 50007 建筑地基基础设计规范

GB 19218 医疗废物焚烧炉技术要求

NY/T 682 畜禽场场区设计技术规范

中华人民共和国农业部农医发〔2017〕25 号《病死及病害动物无害化处理技术规范》

中华人民共和国农业部农办牧〔2018〕2 号《畜禽规模养殖场粪污资源化利用设施建设规范（试行）》

3　术语和定义

3.1

高床栏舍 high bed house

指具有距离地面一定高度漏缝地板的栏舍。

3.2

隔栅 fence board

指由钢、竹、木等材料制成用以分隔畜禽的隔板。

3.3

隔栏 fence partition

用隔栅围成的相对独立单元。

4 选址与布局

选址按照《中华人民共和国畜牧法》的规定执行，并符合当地土地利用规划的要求；布局符合 NY/T 682 的要求。

5 建筑要求

5.1 类型

采取半开放式或开放式，按长轴方向分单列、双列及多列布置。

5.2 朝向

羊舍应具备兼顾通风、采光、保温、隔热和防雨等功能。按当地风向、地势确定纵向轴线朝向，朝南或南偏东 15°，或按常年主导风向 30°～60°布置。

5.3 结构

羊舍可采用砖混结构或轻钢结构。

5.4 跨度

双列式为 9.5～10.5 米，单列式为 5.5～6.5 米。每栋长度根据羊场地势和饲养量而定。

5.5　地基

地基设计应符合 GB 50007 的要求。

5.6　墙体

5.6.1　轻钢结构，纵墙可采用 20～24 厘米工字形钢材或直径 11～14 厘米镀锌钢管每隔 5 米立一根承重支柱；端墙采用彩钢板。

5.6.2　砖混结构，可采用"24"墙，纵墙高 1.1～1.3 米；端墙到屋顶。

5.6.3　纵墙开放部分安装卷帘遮挡。

5.6.4　端墙设门，门宽同走道，门高不低于 2.5 米。

5.7　屋顶

为双坡式结构。可采用彩钢板与保温隔热新型复合材料加工而成，坡度 25%～35%，屋檐应向外水平延伸 40 厘米，粪尿沟布置于屋檐内。舍内净高不低于 2.5 米。

5.8　运动场

运动场面积是羊栏面积 2.0～2.5 倍。运动场隔栅采用砖混或钢结构，高 1.3～1.5 米。地面用混凝土或立砖平铺硬化，厚度 6 厘米，地面应沿羊舍向外设缓坡排水。

6　内部构造

6.1　漏粪地板

6.1.1　漏粪孔

成年羊 1.5～2.0 厘米，羔羊及育成羊 1.0～1.5 厘米。

6.1.2　材料与规格

6.1.2.1　竹材料，可选用两块内芯削平并拢的竹片，宽 2～

3 厘米,厚 3 厘米。

6.1.2.2　木材料,木板宽 3 ~ 5 厘米,厚 3 ~ 4 厘米。

6.1.2.3　钢材料,可选用 4 ~ 6 毫米的钢筋,焊接成 1.5 厘米 × 5 厘米大小孔径的网床。

6.2　隔栅

6.2.1　横向隔栅设置见附录图 A.1。

6.2.2　母羊纵向隔栅设置见附录图 A.2。

6.2.3　公羊纵向隔栅设置见附录图 A.3。

6.3　隔栏

6.3.1　育成羊、空怀或妊娠母羊栏宽 4 ~ 6 米,跨度 2.5 ~ 3.0 米。

6.3.2　待产及哺乳前期母羊单栏宽 1.0 ~ 1.2 米,跨度 1.9 ~ 2.4 米。

6.3.3　种公羊单栏宽 1.2 ~ 1.5 米,跨度 1.9 ~ 2.4 米。

6.4　饲喂通道

单列式羊舍饲喂通道靠墙,宽度 1.2 ~ 1.5 米,双列式位于羊舍中间,宽度 1.5 ~ 2.5 米。

6.5　料槽与饮水

6.5.1　机械喂料

双列式羊舍可采用道槽合一设计,饲喂通道宽度根据饲喂机械确定,高于羊床 30 ~ 40 厘米。饲喂通道近羊床处设料槽,料槽呈凹弧形,宽 35 ~ 40 厘米,深 5 ~ 10 厘米,内缘高 15 ~ 20 厘米,外缘与通道持平。

6.5.2 人工喂料

料槽可采用混凝土或彩钢板结构，料槽上宽35~40厘米，圆弧形底宽20~25厘米，羊床至料槽上缘高50~55厘米，料槽深38~42厘米。

6.5.3 饮水设施

沿侧墙设乳头式饮水器、碗式饮水器等饮水设施，距羊床高为：大羊55~60厘米，小羊20~30厘米。

7 废弃物无害化处理设施

7.1 粪污

7.1.1 粪污处理设施应符合农业部《畜禽规模养殖场粪污资源化利用设施建设规范（试行）》的要求。

7.1.2 采用人工清粪的羊舍地面横向坡度大于25%，接粪地面水平距羊床1.2~2.0米；采用机械清粪的羊床地面纵向降坡0.15%，距羊床60~80厘米，配套链式刮板清粪设施。

7.2 病死羊

病死羊及胎衣无害化处理应按照2017年农业部农医发〔2017〕25号《病死及病害动物无害化处理技术规范》的规定执行。

7.3 其他废弃物

废弃的疫苗、药物、医疗材料等其他废弃物的处理应符合GB 19218的规定。

附录图

隔栅

（DB36/T 474—2019）

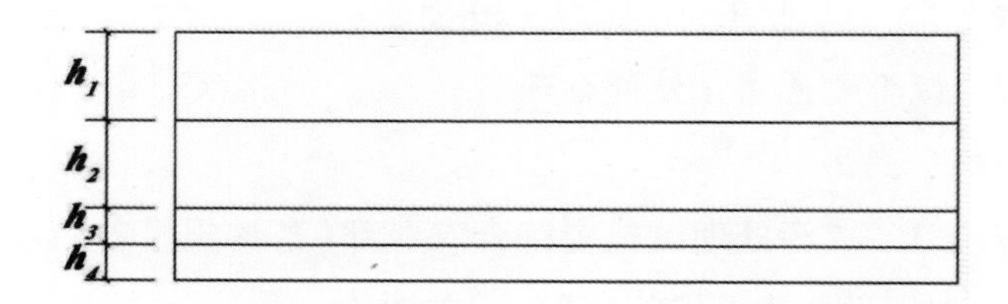

h_1	h_2	h_3	h_4
18-22	18-22	7-9	7-9

单位：厘米

图 A.1　横向隔栅

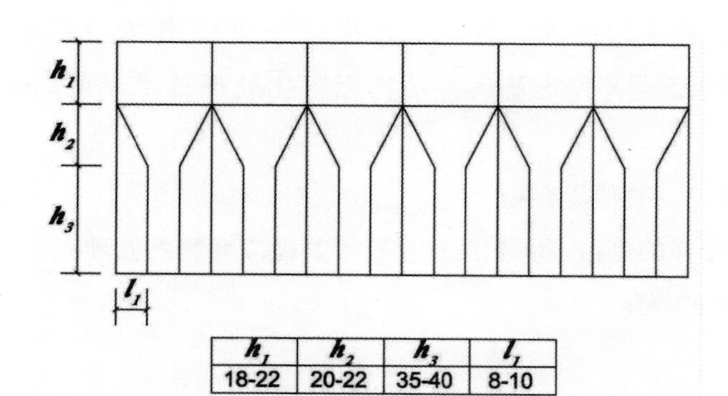

h_1	h_2	h_3	l_1
18-22	20-22	35-40	8-10

单位：厘米

图 A.2　母羊纵向隔栅

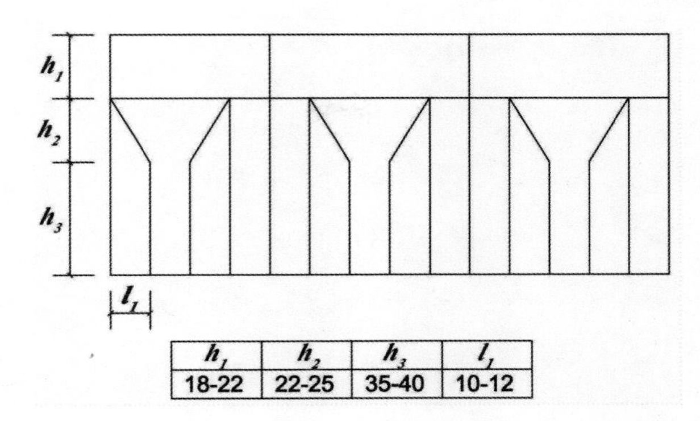

h_1	h_2	h_3	l_1
18-22	22-25	35-40	10-12

单位:厘米

图 A.3　公羊纵向隔栅